职业技术教育课程改革规划教材
光机电专业国家级教学资源库系列教材

先进激光加工技术

XIAN JIN JIGUANG

JIAGONG JISHU

U0278987

主　编　钟正根　肖海兵　陈一峰
副主编　陈毕双　华学兵　徐临超
主　审　唐霞辉

华中科技大学出版社
http://www.hustp.com
中国·武汉

内 容 简 介

本书为国家职业教育光机电应用技术专业教学资源库建设的成果。本书主要介绍了激光加工技术的发展历程和基本原理、激光打标技术、激光焊接技术、激光切割技术、激光熔覆技术、激光 3D 打印技术、激光微细加工技术、激光加工典型案例等内容。

本教材适合高等职业院校三年制专科和四年制本科光电制造与应用技术、激光加工技术等专业课程教学,也可供激光设备生产企业和激光技术应用企业生产调试及员工培训、技能鉴定使用,还可供相关工程技术人员参考。

图书在版编目(CIP)数据

先进激光加工技术/钟正根,肖海兵,陈一峰主编.—武汉:华中科技大学出版社,2019.3(2022.8 重印)
职业技术教育课程改革规划教材. 光机电专业国家级教学资源库系列教材
ISBN 978-7-5680-5030-2

Ⅰ.①先…　Ⅱ.①钟…　②肖…　③陈…　Ⅲ.①激光加工-职业教育-教材　Ⅳ.①TG665

中国版本图书馆 CIP 数据核字(2019)第 036299 号

先进激光加工技术
Xianjin Jiguang Jiagong Jishu

　　　　　　　　　　　　　　　　　　　　钟正根　　肖海兵　陈一峰　主编

策划编辑:王红梅
责任编辑:刘　璇　王红梅
封面设计:秦　茹
责任校对:刘　竣
责任监印:赵　月
出版发行:华中科技大学出版社(中国·武汉)　　　电话:(027)81321913
　　　　　武汉市东湖新技术开发区华工科技园　　　邮编:430223
录　　排:武汉市洪山区佳年华文印部
印　　刷:武汉市籍缘印刷厂
开　　本:787mm×1092mm　1/16
印　　张:12
字　　数:292 千字
版　　次:2022 年 8 月第 1 版第 4 次印刷
定　　价:29.80 元

职业技术教育课程改革规划教材
光机电专业国家级教学资源库系列教材

编审委员会

前　言

激光加工技术是 20 世纪能够与原子能、半导体及计算机齐名的四项重大发明之一。激光加工技术走过了几十年的快速发展历程，其对人类社会的发展产生了重要的影响，激光已经成为当今世界的先进制造工具。激光加工技术已广泛应用于汽车、电子、航空、冶金、机械制造等国民经济重要部门，同时也广泛应用于工艺礼品、服装、产品包装、洁具等日常生产、生活中，对提高生产效率、产品质量、自动化水平，减少污染、材料消耗等都起到了重要作用。

激光加工技术在原理上可分为激光分割去除技术、激光连接制造技术和激光改性技术，根据不同的用途又可细分为激光打标、激光焊接、激光切割、激光雕刻、激光熔覆、激光快速成形、激光微细加工等。

本教材在介绍了激光加工技术的发展历程和基本原理后，对当前应用最为广泛的激光打标技术、激光焊接技术、激光切割技术、激光熔覆技术、激光 3D 打印技术及激光微细加工技术进行了详细的介绍，并在最后以典型案例为例，介绍了不同激光加工技术的方法和步骤。书中大部分内容为作者多年来从事激光加工技术研究和教学的工作成果，同时还参考和引用了大量国内外研究人员和企业最新的研究成果和产品，希望能够对读者了解和学习先进激光加工技术有所帮助。

浙江工贸职业技术学院主持完成了国家职业教育光机电应用技术专业教学资源库建设，开发了一系列光机电应用技术专业教学资源。本教材为教学资源库课程建设的成果，编者大部分为参与教学资源库建设的教师。本书第 1、2 章由陈一峰老师编写，第 3 章由钟正根老师编写，第 4、5、8 章由肖海兵老师编写，第 6 章由徐临超老师编写，第 7 章由华学兵老师编写，第 9 章由钟正根、陈毕双、徐临超、华学兵老师共同编写。全书由钟正根老师统稿，华中科技大学唐霞辉教授主审。

本书在编写过程中得到合作院校和相关单位的大力支持，在此表示诚挚的感谢！书稿中存在不妥之处在所难免，请广大读者及专家学者批评、指正。

编　者

2019 年 1 月 22 日

目　　录

1 激光加工技术的发展 ……………………………………………………………（1）
　1.1 激光加工技术简介 ……………………………………………………………（1）
　1.2 激光加工的特点、分类及应用 ………………………………………………（4）
　1.3 激光加工技术的发展趋势 ……………………………………………………（7）
　复习思考题 ………………………………………………………………………（8）
2 激光加工材料基础 ………………………………………………………………（9）
　2.1 激光基础知识 …………………………………………………………………（9）
　2.2 激光与材料的相互作用 ………………………………………………………（14）
　2.3 材料在激光作用下的效应 ……………………………………………………（20）
　复习思考题 ………………………………………………………………………（21）
3 激光打标技术 ……………………………………………………………………（22）
　3.1 激光打标技术概述 ……………………………………………………………（22）
　3.2 常用激光打标功能介绍 ………………………………………………………（27）
　3.3 影响激光打标效果的因素 ……………………………………………………（42）
　3.4 常见材料激光打标工艺 ………………………………………………………（47）
　复习思考题 ………………………………………………………………………（49）
4 激光焊接技术 ……………………………………………………………………（50）
　4.1 激光焊接技术概述 ……………………………………………………………（50）
　4.2 常用激光焊接功能介绍 ………………………………………………………（51）
　4.3 影响激光焊接效果的因素 ……………………………………………………（53）
　4.4 常见材料激光焊接工艺 ………………………………………………………（55）
　4.5 激光电弧复合焊接 ……………………………………………………………（61）
　复习思考题 ………………………………………………………………………（64）
5 激光切割技术 ……………………………………………………………………（65）
　5.1 激光切割技术概述 ……………………………………………………………（65）
　5.2 常用激光切割功能介绍 ………………………………………………………（67）
　5.3 影响激光切割效果的因素 ……………………………………………………（73）
　5.4 常见材料激光切割工艺 ………………………………………………………（74）
　复习思考题 ………………………………………………………………………（81）
6 激光熔覆技术 ……………………………………………………………………（82）
　6.1 激光熔覆技术概述 ……………………………………………………………（82）
　6.2 激光熔覆技术的预处理 ………………………………………………………（87）
　6.3 激光熔覆设备与材料 …………………………………………………………（90）
　6.4 激光熔覆工艺 …………………………………………………………………（96）

6.5 激光熔覆层的组织 ·· (100)

6.6 熔覆层的缺陷及处理对策 ··· (108)

复习思考题 ·· (109)

7 激光 3D 打印技术 ··· (110)

7.1 激光 3D 打印技术概述 ··· (110)

7.2 激光 3D 打印技术介绍及分类 ·································· (114)

7.3 激光 3D 打印技术的发展 ·· (122)

复习思考题 ·· (124)

8 激光微细加工技术 ··· (125)

8.1 超短脉冲激光精密加工 ··· (125)

8.2 准分子激光精密加工 ·· (131)

复习思考题 ·· (136)

9 激光加工典型案例 ··· (137)

9.1 金属名片激光打标 ··· (137)

9.2 不锈钢电池壳体激光焊接 ··· (143)

9.3 纸质礼品糖盒激光切割 ··· (146)

9.4 45 钢表面预铺粉法激光熔覆 Ni60 涂层 ···················· (156)

9.5 3D 打印小型台虎钳 ··· (159)

9.6 激光内雕技术及典型案例 ··· (162)

9.7 激光清洗技术及典型案例 ··· (175)

参考文献 ··· (183)

1

激光加工技术的发展

1.1 激光加工技术简介

1.1.1 国外激光器及激光加工技术的发展

激光作为 20 世纪能够与原子能、半导体及计算机齐名的四项重大发明之一，走过了近 60 年的快速发展历程，其对人类社会的发展产生了重要的影响，激光已经成为当今世界的先进制造工具。

1. 激光器的最新发展

1）光纤激光器

相比于二氧化碳激光器而言，光纤激光器的电光转换效率更高，耗电量仅是二氧化碳激光器的 1/3，加工速度可以提升 2～3 倍，其性能卓越、可靠、综合成本低，能够帮助终端用户在提高生产率的同时，降低成本。更重要的是，光纤激光器更便于与数控机床、机器人、自动化系统进行集成。仅仅经过几年的时间，光纤激光器就凭借着各种技术优势掀起了一场激光切割的技术变革。如今，光纤激光器的需求不断增加，应用领域也开始慢慢向工程机械、汽车、轨道交通、船舶、航空航天等基础领域渗透。美国 IPG 光纤激光器是世界光纤激光器及放大器行业的领导者，自 1990 年公司创立以来，IPG 就一直致力于将基于有源光纤的激光器推广应用于材料加工、通信、医疗、科研，以及其他领域，并使其商业化。目前，在 IPG 激光产品家族中，YLS 系列激光器，其功率范围为 500 W 至 100 kW，并支持连续或脉冲调制模式，频率高达 5 kHz，电光转换效率超过 40%；在整个调整范围内不改变光束发散角和直径的情况下，设备的功率调整范围从 10% 到 100%。这就实现了一台激光器同时满足高功率及低功率的不同应用，如焊接、钻孔和精密切割等，从而带来了激光器应用的突破。IPG 激光器的发散角指标远远优于其他类型的激光器，因此允许使用中长焦距加工镜头，从而大大提高了焦深，降低光学器件的损伤概率，成为远程加工应用的不二之选。

德国 TRUMPF 公司收购英国光纤激光器制造商 SPI、英国 JK 激光公司，成功进军高功率光纤激光器领域;美国 JDSU 公司与日本金属加工机床制造商 Amada 合作开发功率高达 4 kW 的光纤激光器;美国 nLIGHT 公司收购芬兰特种光纤制造商 LIEKKI。由此可以预见,高功率光纤激光器行业竞争将愈演愈烈。

2)碟片式激光器

德国 TRUMPF 公司的碟片式激光器发展非常迅速,目前,TruDisk 激光器具有智能功能,100%恒定功率,光束质量非常好,可达 2 mm·mrad,通过内置的主动式激光功率调节实现稳定的加工工艺,确保得到可再现的工艺结果,这在金属焊接、切割和表面处理场合,尤其在亟需高功率和最佳光束质量的应用中备受青睐。TruMicro 系列皮秒和飞秒激光器的脉冲特别短,脉冲能量高(最高可达 500 μJ),同时光束质量优异,平均功率最高可达 150 W,非常适合加工半导体材料、金属、电介质、塑料和玻璃。

3)半导体激光器

半导体激光器可作为光纤激光器、固体激光器的泵浦源(激光器的零部件),也可直接用作激光器,应用到材料加工、激光医疗、激光雷达等领域。半导体激光器的典型公司是德国 DILAS 半导体激光公司,它是全球领先的高功率半导体激光器研发、设计和制造商,一直致力于为工业制造、国防、印刷、医疗,以及科研市场提供最先进的产品和技术。DILAS 公司于 1994 年成立于德国美因兹,是全球唯一在德国、美国和中国(南京)建有生产基地的高功率半导体激光公司。目前,DILAS 公司实用化半导体激光器的功率最高可达到 8 kW。总部设在美国华盛顿州温哥华市的恩耐(nLIGHT)公司也是半导体激光器制造商,它在半导体激光器芯片和光纤耦合封装方面具有很强的优势,其产品主要应用于材料加工、医疗、防御、半导体、太阳能和消费等领域。

4)紫外激光器

紫外激光波长较短、频率高,光子能量大,能够直接打断材料化学键,因此紫外激光的冷加工成为市场精密加工的宠儿,国外生产紫外激光器的著名厂家有德国通快、美国光谱物理、美国光波、美国相干、美国普爱等。

5)超快激光器

美国 PI 公司生产的 PS 系列半导体泵浦全固态皮秒激光器具有 20~25 ps 的脉宽,平均功率从 200 mW 到 120 W 不等,单脉冲能量相对较小,为 nJ 数量级,是一种良好的准连续激光器。美国光谱物理公司研发的飞秒激光器,具有小于 400 fs 的脉冲宽度,高脉冲能量,重复频率高达 1 MHz。图 1-1 所示的是纳秒激光光热作用与皮秒激光光化学烧蚀作用的对比,皮秒激光热影响更小,图 1-2 所示的是纳秒激光与皮秒激光处理碳纤维增强混合物的对比,皮秒激光的处理具有更高精度和较少的重熔物。

2. 激光加工设备的最新动态

近几年来,激光与数控机床、机器人、自动化系统集成发展很快,欧美主要国家在大型制造产业,如机械、汽车、航空、钢铁、造船、电子等行业中,基本完成了用激光加工工艺对传统工艺的更新换代,进入"光加工"时代。国外著名的公司如瑞士百超公司,该公司主要致力于研发及销售板材加工系统,能针对客户的不同需求提供合适的激光切割设备,例如快速处理订单,过程可靠性高,非生产时间短,以及操作简单、可靠。此外,可选配各种节能的激光器和自动化系统。

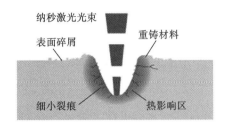

（a）光热作用

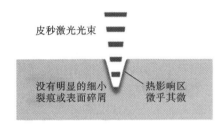

（b）光化学烧蚀

图 1-1　光热作用与光化学烧蚀作用的对比

（a）355 nm 纳秒激光器

（b）355 nm 皮秒激光器

图 1-2　纳秒激光与皮秒激光处理碳纤增强混合物对比

全球激光行业巨头企业通快集团设在德国迪琴根,具有 80 多年的机床生产历史,是全球激光智能制造设备生产企业之一,它在超大功率(12 kW 以上)上少有竞争对手,而且在激光智能制造设备方面做得非常好。

山崎马扎克公司成立于 1919 年,20 世纪 70 年代开始国际化运营,目前在全世界共有 10 处生产基地。马扎克公司的产品包括五轴加工中心、立/卧式加工中心、激光切割机和 FMS 柔性生产系统等。马扎克激光机的特点是智能化,尤其适用于钣金加工。无论是加工 3 维工件,还是切割型材,它都能做到"既快又准",即加工速度快,切割精度高。马扎克公司因为在数控加工中心方面的实力雄厚,在控制系统、软件配合和传动等方面具有优势。

1.1.2　国内激光器及激光加工技术的发展

1. 激光器的现状

1961 年夏,中国第一台红宝石激光器研制成功。此后短短几年内,各种类型的固体、气体、半导体和化学激光器相继研制成功。目前,我国是世界上最大的工业激光器市场,占全球市场的 24%。不仅国外企业纷纷把我国作为重要的战略市场,本土企业也厚积薄发,国产化进程加速。国内的大小品牌有二十多家,在与外国品牌的激烈竞争中,不断创新突破,寻找合适的细分市场,谋求继续发展。国内光纤激光器主要供应商包括锐科激光公司、创鑫激光公司、杰普特公司、联品激光公司、中科光汇公司,其中锐科激光公司和创鑫激光公司分别在创业板和新三板上市,形成行业发展双龙头;杰普特公司凭借 MOPA 激光器巩固了自己的行业地位,联品激光公司与中科光汇公司发展迅速,其中中科光汇公司在连续激光器方面已有 6 kW 功率的产品。其他品牌包括上海飞博公司、武汉安扬公司、国神光电公司、46 所、东方锐镭公司、欧泰激光公司、华日精密激光公司等都发展不错。2017 年国产紫外激光器销售量超过

1万台,其中,华日精密激光公司紫外激光器产量近4000台。随着紫外激光器国产化和性价比的不断提高,其应用市场正逐步发展起来。但是,我们仍然需要清醒地认识到,从光纤激光器的产能和市场占有率来看,我国在规模上虽然都有较大突破,但国产光纤激光器的品质与国外同类产品相比,仍存在较大差距;同时,80%的高功率光纤激光器依然需要依靠进口。

2. 激光加工设备的现状及其生产公司

尽管我国早在20世纪60年代已在加工、医疗器械和测距等方面出现了激光产业的雏形,然而当时只是零星的、分散的小量研制性生产,未能形成气候。1978年改革开放以后,激光产业在中国才真正得到重视并实质性起步。如今我国激光加工产业可以分为四个比较大的产业带,包括珠江三角洲、长江三角洲、华中地区和环渤海地区。这四个产业带侧重点各有不同,珠三角地区以中小功率激光加工机为主,长三角地区以大功率激光切割焊接设备为主,环渤海地区以大功率激光熔覆和全固态激光为主,以武汉为首的华中地区则覆盖了大、中、小功率激光加工设备。这四大产业带中,以华中地区尤其是武汉最具代表性,中国"光谷"的称号便是有力的证明。武汉地区可以说见证了中国激光加工产业从无到有、从弱到强的整个历程,是中国激光产业发展的缩影。

2017年,我国激光加工产业产值430亿元,相比2016年增长了100多亿元,同比增长30%。我国激光设备装机量占据全球装机总量的45%。2014~2016年近三年的时间内,我国高功率激光装备的销量维持在1500~2000台。但到了2017年,国产高功率激光装备几乎实现了翻番的增长,尤其是,以光纤激光器作为光源的激光装备正在从自动化向智能化发展。

国内的激光设备厂商有大族激光公司、华工激光公司、金运激光公司、帝尔激光公司、天弘激光公司、海目星激光公司、联赢激光公司、盛雄激光公司、奔腾激光公司、嘉泰激光公司、铭镭激光公司等。

1.2　激光加工的特点、分类及应用

1.2.1　激光加工的特点

激光加工是将激光聚焦得到高能量密度的激光束照射到材料的表面,用于熔化、气化材料,以及改变物体表面性能的加工方法。激光加工在工业加工领域存在着如下鲜明特点。

① 激光加工属于非接触加工,不产生机械磨损,对被加工的材料不存在力学应力。

② 激光光束能量密度高,加工速度快,工件变形小,热影响区小。

③ 激光可以对多种金属、非金属进行加工,特别是,可以加工高硬度、高脆性及高熔点的材料。

④ 激光易于与数控机床、工业机器人、自动化系统集成,实现高度自动化乃至智能化生产。图1-3所示的是通快公司生产的数控激光切割机;图1-4所示的是通快公司生产的冲裁激光机床,这是一款集冲压、成形和攻丝于一体的创新型激光加工机床;图1-5所示的是激光3D打印产品;图1-6所示的是激光切管机。

图 1-3　数控激光切割机

图 1-4　冲裁激光机床

图 1-5　激光 3D 打印产品

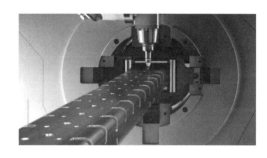

图 1-6　激光切管机

⑤ 激光多才多艺,可以实现多种加工方式。图 1-7 所示的是激光焊接加工现场;图 1-8 所示的是激光 3 维切割加工现场。

图 1-7　激光焊接加工现场

图 1-8　激光 3 维切割加工现场

⑥ 激光可适应不同几何形状工件的加工要求,且可进行大批量加工。

1.2.2　激光加工的分类

激光加工技术要利用激光热源的多方面特点进行加工。激光加工技术类型众多,应用领域广泛,应用潜力巨大,主要有激光打标、激光切割、激光焊接、激光热处理、激光 3D 打印、激光蚀刻等。

1. 激光打标

激光打标是利用高能量密度的激光对工件进行局部照射,使表层材料气化或发生颜色变化的化学反应,从而留下永久性标记的方法,即激光打标是通过表层物质的蒸发露出深层物质,或者是通过光能作用导致表层物质的化学物理变化而"刻"出痕迹,显示出所需刻蚀的文字、符号和图案等来实现的。激光可对各种金属、非金属材料(模具、量具、电子元器件、机械零部件、面板、标牌、钟表、手饰、文具等)进行文字或图形的标记刻写,与传统工艺相比,具有速度快、精度高、质量好等优点。

2. 激光切割

激光切割是以高能量密度的激光使材料融化或气化的一种材料分离的方法,它可实现各种金属和非金属板材及众多复杂零件的切割,是激光在现代制造行业中最重要的应用技术之一。激光切割与其他切割方法相比,最大区别是它具有高速度、高精度,以及高适应性的特点,同时还具有割缝窄、热影响区小、切割面质量好、切割时无噪声及切割过程容易实现自动化控制等优点。因此,目前激光切割已广泛地应用于工程机械、汽车、机车车辆制造、航空、化工、轻工、电器与电子、石油和冶金等工业制造中。

3. 激光焊接

激光焊接是将高强度的激光束辐射至金属表面,激光与金属的相互作用,使金属熔化形成焊接的技术。激光焊接是利用高能量密度激光束加热、熔化工件完成焊接的加工方法,具有焊接速度高,焊接热影响区小,工件变形小,且易于获得大深宽比焊缝等优点。

4. 激光热处理

激光热处理,是以高能量激光束快速扫描工件,使被照射的金属或合金表面温度以极快速度升高到相变点以上,激光束离开被照射部位时,由于热传导作用,处于冷态的基体使其迅速冷却而进行自冷淬火,得到较细小的硬化层组织的技术,这种热处理的硬度一般高于常规淬火硬度。处理过程中工件变形极小,适用于其他淬火技术不能完成或难以实现的某些工件或工件局部部位的表面强化。激光热处理自动化程度较高,硬化层深度和硬化面积可控性好。该技术主要用于强化汽车零部件或工模具的表面,提高其表面硬度、耐磨性、耐蚀性,以及强度和高温性能等,如汽车发动机气缸、曲轴、冲压模具、铸造型板等,图1-9所示的是激光金属熔覆的现场。

图 1-9 激光金属熔覆的现场

5. 激光 3D 打印

激光 3D 打印技术是一系列快速成形技术的统称,其基本原理是叠层制造,由快速原型机在 OXY 平面内通过扫描形成工件的截面形状,目前市场上常见的快速成形技术如 3DP 技术、DLP 激光成形技术和 UV 紫外线成形技术等都已被广泛应用。激光 3D 打印技术在智能制造的升级中扮演了重要的角色,未来的发展趋势将主要集中在高功率和深度应用等方向,在精密机械、能源、电子、石油化工、交通运输等几乎所有的高端制造领域中都具有广阔的工业应用前景,图 1-10 所示的是激光 3D 打印的产品。

图 1-10　激光 3D 打印的产品

6. 激光刻蚀

激光刻蚀的基本原理是将高光束质量的小功率激光束(一般为紫外激光、光纤激光)聚焦成极小光斑,在焦点处形成很高的功率密度,使材料在瞬间气化、蒸发,形成孔、缝、槽。其加工工艺包括激光微纳切割、划片、刻蚀、钻孔等,图 1-11 所示的是 1064 nm 红外光在透明导电膜(TCO)玻璃上的刻蚀过程。

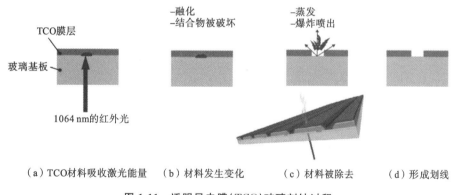

（a）TCO材料吸收激光能量　（b）材料发生变化　（c）材料被除去　（d）形成划线

图 1-11　透明导电膜(TCO)玻璃刻蚀过程

1.3　激光加工技术的发展趋势

1.3.1　激光器技术发展方向

继传统的气体、固体激光器之后,碟片激光器、半导体激光器、光纤激光器、全固化可见光激光器及倍频紫外激光器,皮秒、飞秒激光器等新型激光器发展迅速,总体而言,全球激光技术的主要趋势是向大功率、优质光束、高度可靠性、智能化和低成本方向发展。

1.3.2　激光加工设备发展动向

作为集光、机、电、计算机信息及自动化控制等技术于一体的激光加工设备将是未来光信息科技时代的主角,将成为现代先进加工手段的代表,它将对各种传统仪器设备产生换代性的冲击。因此,未来激光加工设备具有广阔的应用领域和市场空间,激光加工设备的技术进步表现为软件的不断优化升级,最新型光学器件的进展和采用,与数控机床、机器人、自动化系统集成技术的不断改进,产品外形设计的不断更新等自身的升级。

复习思考题

1. 简述激光加工的特点。
2. 激光加工分为哪几类?
3. 激光加工为什么能成为现代加工的重要工具?
4. 激光加工未来的发展趋势是什么?
5. 激光加工快速发展的原因是什么?

2

激光加工材料基础

2.1 激光基础知识

2.1.1 激光器的组成

激光器主要由激光泵浦源、增益介质和谐振腔等三部分构成。

1. 激光泵浦源

激光的产生是能量转换的过程,必然要遵循能量守恒定律。产生激光必然有能量的来源,也就是我们首先要说的激光泵浦源,它是激光输出能量的源泉,用于对粒子数的泵浦,以实现粒子数反转。泵浦源的种类非常多,目前使用的泵浦源主要有高频电源、闪光灯,以及半导体激光模块等。CO_2 激光器主要用高频电源来泵浦,而对于传统的棒状激光器,则采用闪光灯泵浦。图 2-1 所示的是世界上第一台采用闪光灯泵浦的激光器,新型的光纤以及碟片激光器则采用半导体激光模块泵浦,如图 2-2 所示的为半导体泵浦模块。相对于闪光灯泵浦,半导体泵浦模块具有吸收率高的特点。

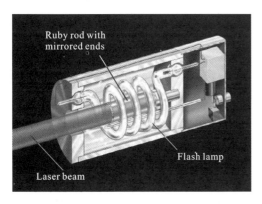

图 2-1 世界上第一台采用闪光灯泵浦的激光器

图 2-2 半导体泵浦模块

2. 激光增益介质

激光增益介质是指用来实现粒子数反转并产生光的受激辐射放大作用的物质体系,有时也称为激光增益媒质,它们可以是固体(晶体、玻璃)、气体(原子气体、离子气体、分子气体)、半导体和液体等媒质,当这些材料的原子或分子受到泵浦后产生激发,然后通过一系列复杂的过程回到基态时辐射出光,表 2-1 是典型激光器的工作物质一览表。

表 2-1 典型激光器的工作物质

激 光 种 类	激光增益介质	典型激光器
气体激光器	气体或金属蒸气	CO_2 激光器 氦氖激光器 碱金属激光器
固体激光器	掺杂了激活离子的晶体或玻璃	红宝石激光器 Nd:YAG 激光器 Nd:玻璃激光器 Yb:YAG 激光器
二极管激光器	半导体材料	GaInP 激光器 GaAs 激光器
染料激光器	有机染料	波长可调谐激光器

3. 谐振腔

光学谐振腔是激光器的必要组成部分,不同激光器,其谐振腔的设计是不同的,既有只有两面镜片构成的简单谐振腔,也有由数十面镜片构成的复杂谐振腔。光纤激光器的谐振腔是一对光栅,半导体激光器的谐振腔是一对解理面。谐振腔的作用有两个:一个是提供正反馈,一个是控制腔内振荡光束的特征。利用谐振腔的设计,可以获得单模模式的激光输出或多模模式的激光输出,从而实现不同的应用。图 2-3 所示的是典型的光学谐振腔原理图。

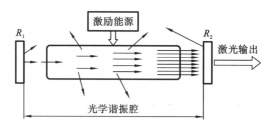

图 2-3 典型光学谐振腔原理图

2.1.2 工业用激光器

激光自诞生以来,尤其是近 20 年来,激光技术及其应用得到迅速普及和发展,激光器种类繁多,新型激光器不断被开发。现代用于激光加工制造的激光器,主要有 YAG 激光器、CO_2 激光器、光纤激光器、准分子激光器、大功率半导体激光器等。其中大功率光纤激光器和大功率半导体激光器在大型工件激光加工技术中应用较广;中小功率半导体激光器在精密加工中应用较多;准分子激光器多应用于微细加工;与材料的热扩散相比,超短脉冲(飞秒,fs)激光能更快地在照射部位注入能量,所以主要应用于超精细激光加工。

1. YAG 激光器

YAG 激光器是目前应用较广泛的一种由激活离子与基质晶体组合的固体激光器。工作物质 YAG 晶体具有优良的物理、化学性能,激光性能,及热学性能,可以制成连续和高重复频率器件。其输出的激光波长为 1064 nm,是 CO_2 激光器波长(10600 nm)的 1/10。YAG 激光器波长较短,对聚焦、光纤传输和金属表面吸收等有利,因此与金属的耦合效率高,加工性能良好。YAG 激光器可以在连续和脉冲两种状态下工作,脉冲输出加调 Q 和锁模技术后可以得到短脉冲和超短脉冲,峰值功率很高。YAG 激光器能与光纤耦合,借助时间分割和功率分割多路系统,可以方便地将一束激光传输给多个工位或远距离工位,便于激光加工实现柔性化。YAG 激光器结构紧凑,特别是 LD(激光二极管)泵浦的全固态激光器,具有小型化、全固态、长寿命、工作物质热效应减小、使用简便可靠等优点,是目前 YAG 激光器的主要研究和发展方向。YAG 激光器的缺点是工作过程中 YAG 棒内部存在温度梯度,因而会产生热应力和热透镜效应,从而使输出功率和光束质量受到影响。

市场上的 YAG 激光器包括灯泵浦激光器和半导体激光泵浦激光器两种,其中,灯泵浦又包含连续氪灯泵浦和脉冲氪灯泵浦两种,半导体激光泵浦则包括侧面泵浦和端面泵浦两种。图 2-4 所示的是灯泵浦固体激光器原理图,图 2-5 所示的是 LD 泵浦固体激光器原理图。

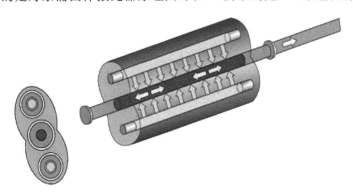

图 2-4 灯泵浦固体激光器原理图

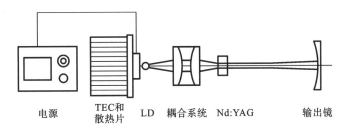

电源　　TEC和　　LD　　耦合系统　　Nd:YAG　　输出镜
　　　　散热片

图 2-5 LD 泵浦的固体激光器原理图

2. CO_2 激光器

CO_2 激光器是气体激光器,因其效率高、光束质量好、功率范围大(几瓦至几万瓦)、能在连续和脉冲两种状态输出、运行费用低、输出波长达 10600 nm(正好处于大气窗口)等优点,成为气体激光器中最重要、应用最广的一种激光器,尤其大功率 CO_2 激光器,它是激光加工中应用最多的激光器。气体激光器一般采用气体放电泵浦,泵浦方式有多种,如图 2-6 所示。

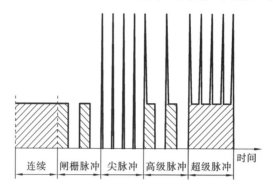

连续　闸栅脉冲　尖脉冲　高级脉冲　超级脉冲　时间

图 2-6　泵浦种类与方式

3. 光纤激光器

光纤激光器是以光纤作为工作物质(增益介质)的,近年来发展起来的中红外波段激光器,是一种新型的激光光源。在同样的输出光功率下,光纤激光器在光束质量、可靠性和体积大小等方面都具有极大优势。目前,高功率光纤激光器的研制开发和实用化技术已成为激光技术领域的一个热点。在工业上,高功率光纤激光器主要用于激光切割、激光焊接、激光打标,以及其他激光加工方式。

1) 光纤激光器的特点

① 光纤激光器在低泵浦下容易实现连续运转;

② 光纤导出使得激光器能轻易胜任各种多维空间加工应用,使机械系统的设计变得非常简单;

③ 输出的激光波长有多种,这是因为稀土离子能级非常丰富,种类非常多;

④ 光纤激光器与目前的光纤器件,如调制器、耦合器、偏振器等相容,故可制成全光纤系统;

⑤ 光纤激光器的谐振腔内无光学镜片,具有免调节、免维护、高稳定性的优点,这是传统激光器无法比拟的;

⑥ 玻璃材料具有极低的体积面积比,散热快、损耗低,所以转换效率较高,激光阈值低;

⑦ 由于光纤本身为波导介质,在光纤制造时使其为单模,就可以很好地保证输出激光的光束质量。

2) 光纤激光器的工作原理

和传统的固体、气体激光器一样,光纤激光器基本上也是由泵浦源、增益介质、谐振腔三个基本要素组成的。泵浦源一般采用高功率半导体激光器(LD);增益介质为稀土掺杂光纤或普通非线性光纤;谐振腔可以由光纤光栅等光学反馈元件构成各种直线型谐振腔,也可以用耦合器构成各种环形谐振腔。泵浦光经适当的光学系统耦合进入增益光纤,增益光纤在吸收泵浦光后形成粒子数反转或非线性增益,所产生的自发辐射光经受激励放大和谐振腔的选模作用后,最终形成稳定激光输出,图 2-7 所示的为光纤激光器谐振腔示意图。

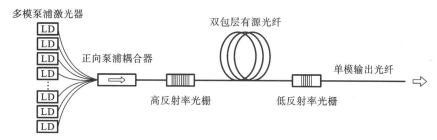

图 2-7　光纤激光器谐振腔示意图

4. 半导体激光器

半导体激光器是所有激光器中体积最小的激光器,是以一定的半导体材料作工作物质而产生激光的器件。其工作原理是通过一定的激励方式,在半导体物质的能带(导带与价带)之间,或者半导体物质的能带与杂质(受主或施主)能级之间,实现非平衡载流子的粒子数反转,处于粒子数反转状态的大量电子与空穴复合,便产生受激发射作用。半导体激光器的激励方式主要有三种,即电注入式、光泵式和高能电子束激励式。电注入式半导体激光器,一般由砷化镓(GaAs)、硫化镉(CdS)、磷化铟(InP)、硫化锌(ZnS)等材料制成的半导体面结型二极管,沿正向偏压注入电流进行激励,在结平面区域产生受激发射。光泵式半导体激光器,一般用 N 型或 P 型半导体单晶(如 GaAs,InAs,InSb 等)作工作物质,以其他激光器发出的激光作光泵激励。高能电子束激励式半导体激光器,一般也用 N 型或者 P 型半导体单晶(如 PbS,CdS,ZnO 等)作工作物质,由外部注入高能电子束进行激励。最简单的半导体激光器由一个薄有源层(厚度约 $0.1~\mu m$)、P 型和 N 型限制层构成,如图 2-8 所示,图 2-9 所示的为高功率半导体激光叠阵,可实现高功率激光输出。

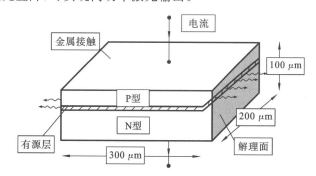

图 2-8　半导体激光器的基本结构

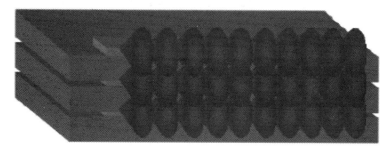

图 2-9　高功率半导体激光叠阵

2.1.3 激光器的工作方式

根据激光持续工作时间的长短,激光器的工作方式可划分为连续激光工作方式、脉冲激光工作方式、巨脉冲激光工作方式和超短脉冲激光工作方式等。

1) 连续激光

如果让激光泵浦源持续提供能量,那么这时就会在激光工作物质中长时间地建立起粒子数反转的条件,长时间地产生激光输出,从而得到连续激光。

2) 脉冲激光

脉冲是指每间隔一定时间才工作一次的方式,采用脉冲光源或电源来泵浦激光工作物质,就会得到具有一定时间间隔的激光输出。脉冲激光器具有较大输出功率,适合于激光打标、切割、测距等。常见的脉冲激光器如:光纤激光器、钇铝石榴石(YAG)激光器、红宝石激光器、蓝宝石激光器、钕玻璃激光器、准分子激光器等。

3) 巨脉冲激光

我们常把人为调节腔内损耗称为调 Q 技术,普通的脉冲激光器输出脉冲的峰值功率低,持续时间长,严重地限制了它的应用范围,调 Q 技术的发展和应用是激光发展史上的一个重要突破,Q 开关激光器把激光能量压缩在极短的时间内发射,使光源的亮度提高了几个数量级。

激光的脉宽是对脉冲激光器或准连续的激光器而言的,可以理解为每次发射的一个激光脉冲的作用时间或持续时间。重复频率是每秒中激光器发射的脉冲数,如 10 Hz 就是指 1 s 发射 10 个激光脉冲。但是每个激光脉冲的脉宽因不同激光器而不同,可分为纳秒级、微秒级或毫秒级等。

4) 超短脉冲激光

激光脉冲宽度的压缩一直是激光领域的一个重要研究课题,调 Q 技术的出现使脉冲宽度压缩到 10^{-9} s 数量级,为了进一步压缩脉冲宽度,在 1964 年底 1965 年初出现的激光锁模技术能将脉宽压缩到 10^{-14} s 的数量级,我们称这种锁模脉冲为超短脉冲。用锁模技术加上光脉冲压缩技术可获得脉宽为 10^{-15} s(飞秒)的激光脉冲,目前,超短脉冲激光已经成为精细、超快加工的重要手段。

2.2 激光与材料的相互作用

2.2.1 激光与物质相互作用

1. 作用原理

1) 物理过程

激光作用到被加工材料上,光波的电磁场与材料相互作用,这一过程主要与激光的功率密度,作用时间,材料的密度、熔点、相变温度,以及材料表面对该波长激光的吸收率、热导率等有关。激光的作用使材料的温度不断上升,当作用区光吸收与输出的能量相等时,达到能量平衡状态,作用区温度将保持不变,否则温度将继续上升。这一过程中,激光作用时间相同时,光吸收与输出的能量差越大,材料的温度上升越快;激光作用条件相同时,材料的热导率越小,作用区与其周边的温度梯度越大;能量差相同时,材料的比热容越小,材料作用区的温度越高。

激光的功率密度、作用时间、作用波长不同,或材料本身的性质不同,材料作用区的温度变化就不同,从而材料作用区内材料的材质状态将发生不同的变化。对于有固态相变的材料而言,可以用激光加热来实现对材料的相变硬化、打孔、切割、焊接等。对于所有材料而言,可以用激光加热使材料处于液态、气态,或者等离子体等不同状态。在不同激光参数下的各种加工的应用范围如图 2-10 所示。

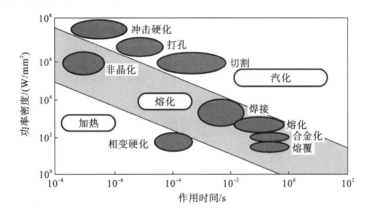

图 2-10 各种参数下激光加工的可能应用

2) 能量变化规律

激光照射到材料上,要满足能量守恒定律,即满足

$$R + T + \alpha = 1 \tag{2-1}$$

式中:R 为材料的反射率;T 为材料的投射率;α 为材料的吸收率。

若激光沿 x 方向传播,照射到材料上被吸收后,其入射光强度减弱满足

$$I = I_0 e^{-\alpha x} \tag{2-2}$$

式中:I_0 为入射光强度;α 为材料的吸收率;x 为位置距离,常用单位为 mm^{-1},是一个与光强无关的比例系数。式(2-2)称为布格尔定律(也称朗伯定律)。由此可见,激光在材料内部传播时,强度按指数规律衰减,其衰减程度由材料的吸收率 α 决定。通常定义激光在材料中传播时,激光强度下降到入射光强度的 $1/e$ 处对应的深度为穿透深度。吸收率 α 与材料的种类、激光入射波长等有关。

当激光强度足够高时,强激光与物质作用的结果使物质的折射率发生变化,激光束呈中间强度高、两边强度迅速下降的高斯分布,使材料中光束通过区域的折射率产生中间大两边小的分布,因此材料会出现类似透镜的聚焦(或散焦)现象,称为自聚焦(或自散焦)。

3) 吸收率

光传播到两种不同介质界面上时,由于光波的电磁场与物质相互作用,将发生反射、折

射和吸收。没有光波入射时，介质处于电中性，当光波的电磁场入射到介质上时，就会引起光波场和介质中带电粒子的相互作用，反射光和折射光都是由于两介质交界面内一层的原子和分子对入射光的相干散射产生的，光波场使界面原子成为振荡的偶极子，辐射的次波在第一介质中形成了反射波，在第二介质中形成了折射波。光吸收是介质的普遍性质，除了真空，没有一种介质能对任何波长的光波都是完全透明的，只能对某些波长范围内的光透明，而对另一些波长范围内的光不透明，即存在强烈的吸收。

4）反射率

对于大部分金属而言，初始反射率在 70%～90% 之间。当激光由空气垂直入射到平板材料上时，根据菲涅耳公式，反射率为

$$R = \left| \frac{n-1}{n+1} \right| = \frac{(n_1-1)^2 + n_2{}^2}{(n_1+1)^2 + n_2{}^2} \tag{2-3}$$

式中：n_1 和 n_2 分别为材料复折射率的实部和虚部，非金属材料的虚部为零。实际上，金属对激光的吸收还与温度、表面粗糙度、有无涂层、激光的偏振特性等诸多因素有关。金属与激光相互作用的过程中，光斑处的温度上升，引起熔化、沸腾和气化现象，导致电导率改变，使反射率发生很复杂的变化。

2. 影响因素

材料对激光的吸收和反射主要与激光作用波长、材料温度、激光入射角、入射光偏振态和材料表面状况有关。

1）波长的影响

吸收率 α 是波长的函数，根据吸收率随波长变化而变化的规律而不同，把吸收率 α 与波长有关的吸收称为选择吸收，与波长无关的吸收称为一般吸收或普遍吸收。例如，半导体材料锗（Ge）对可见光不透明，吸收率高，但对 10600 nm 的红外光是透明的，因此可以用作CO_2激光器的输出腔镜。在可见光范围内，普通光学玻璃吸收率都较小，基本不随波长变化而变化，属于一般吸收，但普通光学玻璃对紫外光和红外光则表现出不同的选择性吸收。有色玻璃具有选择性吸收，如红玻璃对红光和橙光吸收少，而对绿光、蓝光和紫光几乎全吸收。所以当白光照到红玻璃上时，只有红光能透过去，看上去是红色的。若红玻璃用红光的对比色绿光照射，玻璃看上去将是黑色的。绝大部分物体呈现颜色，都是其表面或内部对可见光进行选择吸收的结果。

在一般情况下，金属对波长较长的激光初始吸收率较小，例如在进行激光切割时 YAG 激光就比 CO_2 激光初始吸收率高。室温下，在氩离子激光（488 nm）、红宝石激光（694.3 nm）、YAG 激光（1064 nm）和 CO_2 激光（10600 nm）作用下多种光洁表面材料的吸收率如表 2-2 所示。

2）温度的影响

当温度变化时，材料对激光的吸收率也会随之变化，温度升高，材料的吸收率增大；激光功率越大，使材料温度上升得越高，则材料的吸收率也越大。例如，金属在室温下对激光的吸收率较小，温度上升到熔点附近时，吸收率达到 40%～50%，若温度上升到沸点附近，则吸收率可达 90%。

表 2-2　室温下不同激光作用下多种光洁表面材料的吸收率

材　　料	氩离子激光 (488 nm)	红宝石激光 (694.3 nm)	YAG 激光 (1064 nm)	CO_2 激光 (10600 nm)
铝 Al	0.09	0.11	0.08	0.019
铜 Cu	0.56	0.17	0.10	0.015
金 Au	0.58	0.07	—	0.017
铱 Ir	0.36	0.30	0.22	—
铁 Fe	0.68	0.64	—	0.035
铅 Pb	0.38	0.35	0.16	0.045
钼 Mo	0.48	0.48	0.40	0.027
镍 Ni	0.58	0.32	0.26	0.030
铌 Nb	0.40	0.50	0.32	0.036
铂 Pt	0.21	0.15	0.11	0.036
铼 Re	0.47	0.44	0.28	—
银 Ag	0.05	0.04	0.04	0.014
钽 Ta	0.65	0.50	0.18	0.044
锡 Sn	0.20	0.18	0.19	0.034
钛 Ti	0.48	0.45	0.42	0.080
钨 W	0.55	0.50	0.41	0.026
锌 Zn	—	—	0.16	0.027
砷化镓 GaAs				5×10^{-3}
硒化锌 ZnSe				1×10^{-3}
氯化钠 NaCl				1.3×10^{-3}
氯化钾 KCl				7×10^{-5}
锗 Ge				1.2×10^{-2}
碲化镉 CdTe				2.5×10^{-4}
溴化钾 KBr				0.420

3）激光入射角的影响

激光入射角度的不同也会影响材料对激光的吸收和反射。由物理光学理论可知，对于普通电介质，根据菲涅耳公式，光波入射到两种电介质界面时，垂直于入射面的 S 分量的反射率为

$$R_S = \left(\frac{n_1 \cos\theta_1 - n_2 \cos\theta_2}{n_1 \cos\theta_1 + n_2 \cos\theta_2} \right)^2 \tag{2-4}$$

平行于入射面的 P 分量的反射率为

$$R_P = \left(\frac{n_2 \cos\theta_1 - n_1 \cos\theta_2}{n_2 \cos\theta_1 + n_1 \cos\theta_2} \right)^2 \tag{2-5}$$

式中:n_1 和 n_2 分别为两介质的折射率;θ_1 和 θ_2 分别为入射角和折射角。

若光波垂直入射时,即 $\theta_1=\theta_2=0$,则有

$$R_P=R_S=\left(\frac{n_2-n_1}{n_2+n_1}\right)^2 \tag{2-6}$$

4)入射偏振态的影响

介质表面的反射率既与光波的入射角有关,又与光波的偏振态有关。若入射的激光为垂直于入射面的线偏振光,反射率 R 随入射角增大而增大,则吸收率 α 就随入射角增大而减小;若入射的激光为平行于入射面的线偏振光,反射率 R 随入射角增大而减小,则吸收率 α 就随入射角增大而增大,当达到布儒斯特角时,反射率 R 为零,吸收率 α 最大。这一特点可以应用于不加涂层直接用激光对材料进行表面处理。对于不同材料,由于折射率 n 不同,将有不同的布儒斯特角。

5)材料表面状况的影响

一般情况下,材料表面越粗糙,反射率越低,材料对光的吸收越大。在激光加工过程中,由于激光对材料的加热,存在表面氧化和污染,材料对光的吸收将进一步增大。

不同材料对激光的吸收率与反射率各不相同。

(1)金属材料对激光的吸收与反射。

导电介质的特征是存在许多未被束缚的自由电荷,对金属而言,这些电荷就是电子,其运动构成了电流(1 cm³ 金属中电子数约为 10^{22} 的数量级),因此金属的电导率 σ 很大,即使某时刻存在电荷密度 ρ,也会很快地衰减为零,可以认为金属中的电荷密度 ρ 为零。金属中,传导电子和进行热扰动的晶格或缺陷发生碰撞,将入射的光波能量不可逆地转化为焦耳热。因此,光波在金属中传播时,会被强烈地吸收。

当光照射在清洁磨光的金属表面时,金属中的自由电子将在光波电磁场的作用下强迫振动,产生次波,这些次波构成了很强的反射波和较弱的透射波,这些透射波很快被吸收。

由物理光学可知,金属材料的折射率为复数,光波在金属中传播时,定义光波振幅衰减到表面振幅的 $1/e$ 处的传播距离为穿透深度,这个穿透深度的数量级比波长的数量级小。一种材料若是透明的,它的穿透深度必须大于它的厚度。可见光波只能透入金属表面很薄的一层内,因此通常情况下,金属是不透明的。例如,铜在 100 nm 的紫外光照射下的穿透深度约为 0.6 nm,而在 10000 nm 的红外光照射下的穿透深度约为 6 nm。当把金属做成很薄的薄膜时,它可以变成透明的。

金属对光波的作用是强吸收和强反射。强吸收指的是在小于波长数量级的穿透深度内,金属中的传导电子将入射的光波能量转化为焦耳热,一般在 $10^{-11}\sim10^{-10}$ s 的时间内被强烈地吸收,但由于穿透深度很小,因此电子耗散的总能量很小。强反射指的是由于金属表面的反射率比透明介质(如普通光学玻璃)的高得多,大部分入射能量都被金属表面反射。各种金属因其自由电子密度不同,反射光波的能力不同。一般情况,自由电子密度越大,即电导率越大,反射率越高。

入射光波长不同,反射率不同。在可见光和红外波段范围内,大多数金属对这种光,都有很高的反射率,可达 78%~98%;而对紫外波段的光则吸收率很高。因为波长较长(频率较低)的红外光的光子能量较低,主要对金属中的自由电子发生作用,使金属的反射率高;而

波长较短(频率较高)的可见光和紫外光,其光子能量较高,可以对金属中的束缚电子发生作用。束缚电子本身的固有频率正处在可见光和紫外光波段,它在金属的反射率降低,透射率增大,呈现出非金属的光学性质。

正因为金属表面的反射率随激光波长的变化而变化,所以在激光加工中,为了有效地利用激光能量,应当根据不同的材料选用不同波长的激光。对于红外波段的(10600 nm) CO_2 激光和(1064 nm) YAG 激光,一般不能直接用于对金属表面处理,需要在金属表面加吸收涂层或氧化膜层。材料对紫外波段的准分子激光吸收率高,因此准分子激光是理想的激光加工波段。由表 2-2 也可以看出,室温下金属表面对可见光的吸收率比对 10600 nm 红外光的吸收率高得多。

激光能量向金属的传输过程,就是金属对激光的吸收过程。金属中的自由电子密度越大,金属的电阻越小,自由电子受迫振动产生的反射波越强,则反射率越高。一般导电性越好的金属,其对红外激光的反射率越高。

在可见光和红外波段,大多数金属吸收光的深度均小于 10 nm。当激光照射到金属表面时,激光与金属材料相互作用,作用区的表面薄层吸收了激光能量,在 $10^{-11} \sim 10^{-10}$ s 的时间内转换为热能,使表面温度升高,同时金属表面发生氧化和被污染,降低了金属表面的粗糙度。粗糙表面比光滑表面的吸收率可以提高 1 倍。金属被加热到高温并保持足够时间后,金属与环境介质将发生相互作用,使表面发生化学成分的变化。例如,含碳量较高的钢或铸铁,在氧化气氛下,激光使其加热到高温,在表面层会产生一个非常薄的脱碳区。当金属表面覆盖有石墨、渗硼剂、碳、铬和钨等介质时,可以利用激光实现钢的渗碳、渗硼和激光表面合金化。在对金属表面进行处理,如用阳极氧化处理铝表面后,铝对(10600 nm) CO_2 激光的吸收率可接近 100%。

(2) 非金属材料对激光的吸收。

一般情况下,塑料、玻璃、树脂等非金属材料对激光的反射率较低,表现为高吸收率。非金属材料的导热性很小,在激光作用下,不依靠自由电子加热。长波长(低频率)的激光照射时,激光能量可以直接被材料晶格吸收而使热振荡加强。短波长(高频率)的激光照射时,激光光子能量高,激励原子壳层上的电子,通过碰撞传播到晶格上,使激光能量转换为热能被吸收。

一般非金属材料表面的反射率比金属表面的反射率低得多,也就是进入非金属中的能量比进入金属中的多。有机材料的熔点或软化点一般比较低,有的有机材料吸收了光能后内部分子振荡加剧,使通过聚合作用形成的巨分子又解聚,部分材料迅速气化,激光切割有机玻璃就是应用实例。木材、皮革、硬塑料等材料经过激光加工,被加工部位边缘会碳化。玻璃和陶瓷等无机非金属材料的导热性很差,激光作用时,因加工区很小,会沿着加工路线产生很高的热应力,使材料产生裂缝或破碎。线胀系数小的材料不容易破碎,如石英等;线胀系数大的材料就容易破碎,如玻璃等。

(3) 半导体材料对激光的吸收。

半导体材料的性质介于导体(金属)和绝缘体之间。半导体材料中承载电流的是带负电的电子和带正电的空穴,其物理、化学等基本性质是由半导体的电子能谱中的导带、价带和禁带决定的。

原子中的电子以不同的轨道绕原子核运动,其能量是一系列分立值,称为能级。晶体中原子的电子状态受其他原子影响,其能量值很靠近,形成一个能量范围,许多能量很靠近的能级组成能带。对于纯净半导体(本征半导体)如硅(Si)、锗(Ge)等,电子运动的能量被限制在某些能带内。

在半导体中,由于热激发产生载流子,即使中等强度的远红外激光照射,也可以产生很高的自由载流子密度,因此吸收率随温度升高而增加的速度很快。有的半导体材料对可见光区不透明,但是对红外光区相对透明,原因是半导体带间吸收发生在可见光区,而在红外光区则表现为弱吸收。因此,采用激光对半导体材料退火时,应当采用波长较短的激光。

影响激光与半导体材料相互作用的因素,除了与激光参数有关外,还与半导体材料的晶体结构、导电性等因素有关,这些因素直接影响激光作用下半导体的破坏阈值。例如,用波长为 694.3 nm、脉宽为 0.5 μs、能量密度为 1~80 J/cm^2 的脉冲红宝石激光照射半导体材料,这时,硅(Si)的破坏阈值为 17 J/cm^2,硒化镉(CdSe)的破坏阈值仅为 1 J/cm^2,其他半导体材料的破坏阈值均低于 10 J/cm^2。

当激光达到一定强度时,激光的作用会使半导体材料产生裂纹,这种裂纹所需的激光脉冲能量与半导体材料的导电性有关,材料的电阻越小,所需的激光脉冲能量越大。当用波长为 694.3 nm、脉宽为 3~4 ms、功率密度为 4×10^5 W/cm^2 的脉冲红宝石激光照射砷化镓(GaAs)、磷化镓(GaP)等半导体材料时,可观察到半导体化合物的解离。这是由于激光作用下,半导体化合物发生了热分解,温度高于半导体化合物的熔点,致使激光作用区产生新月形凸起,附近有金属液滴出现。控制激光参数,可以在半导体化合物表面得到任意形状的金属区。

2.3 材料在激光作用下的效应

1. 材料在激光作用下的效应类型

(1) 无热或基本光学类。

从微观上来说,激光是高简并度激光辐射能量在量子状态(模式)上的高度集中性的光子,当它的功率(能量)密度很低时,绝大部分的入射光子被材料(金属)中电子弹性散射,这阶段的主要物理过程为反射、透射和吸收。由于材料吸收激光转变为热量甚低,不能用于一般的热加工,主要研究内容属于基本光学范围。

(2) 在相变点以下加热($T < T_s$)类。

当入射激光强度提高时,入射光子与金属中电子产生非弹性散射,电子通过"逆韧致辐射效应",从光子获取能量。处于受激态的电子与声子(晶格)相互作用,把能量传给声子,激发强烈的晶格振动,从而使材料加热。当温度低于相变点($T < T_s$)时,材料不发生结构变化。从宏观上看,这个阶段激光与材料相互作用的主要物理过程是传热。

(3) 在相变点以上但低于熔点加热($T_s < T < T_m$)类。

这个阶段为材料固态相变,存在传热和质量传递的物理过程。主要工艺为激光相变硬化,主要研究激光工艺参数与材料特性对硬化的影响。

（4）在熔点以上但低于气化点加热（$T_m < T < T_v$）类。

激光使材料熔化，形成熔池。熔池外主要是传热，熔池内存在三种物理过程：传热、对流和传质。主要工艺为激光熔凝处理、激光熔覆、激光合金化和激光传导焊接。

（5）在气化点以上加热出现等离子体类。

激光使材料气化，形成等离子体，这在激光深熔焊接中是常见现象。利用等离子体反冲效应，还可以对材料进行冲击硬化。图 2-11 所示的是材料在激光作用下的不同状态，激光与材料相互作用下的物态变化，包括相变态、液态、气态、等离子态。

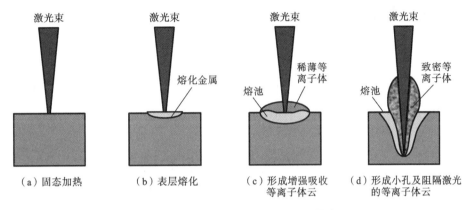

（a）固态加热　　　（b）表层熔化　　　（c）形成增强吸收　　　（d）形成小孔及阻隔激光
　　　　　　　　　　　　　　　　　　　　等离子体云　　　　　　的等离子体云

图 2-11　材料在激光作用下的不同状态

2. 激光与等离子体在能量传输中的作用

光电离后的等离子体继续吸收光能，等离子体云会对激光产生反射、散射，以及吸收，还会对激光产生负透镜效应。致密的光致等离子体通过吸收和散射入射光，影响了激光的能量传输效率，大大减小了到达工件的激光能量密度，导致熔深变浅；另一方面由于等离子体对入射激光的折射，使得激光通过等离子时波前发生畸变，改变了激光能量在工件上的作用区，图 2-12 所示的为等离子体与激光作用原理图。

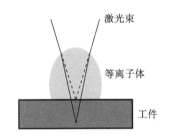

图 2-12　等离子体与激光作用原理图

复习思考题

1. 典型的工业用激光器有哪些？
2. 简述激光器的基本结构。
3. 激光加工设备有哪些？
4. 激光工作的方式有哪些？
5. 影响激光与材料相互作用的因素有哪些？
6. 简述材料在激光作用下的效应。
7. 简述等离子体云的抑制方法。

3

激光打标技术

激光打标技术是激光在工业领域中应用最早、最广泛、最成熟的技术之一,已经取代了许多传统的标记工艺。激光打标的产品已出现在人们生产、生活中的各个方面。

3.1 激光打标技术概述

3.1.1 激光打标技术原理

激光打标是利用聚焦的高功率密度激光束照射工件表面,使工件表面迅速产生蒸发或发生颜色变化的化学反应,通过光束与工件做相对运动,从而在工件表面刻出所需要的任意文字或图案,形成永久防伪标志的技术。如图 3-1 所示的为激光打标示意图及实物图。

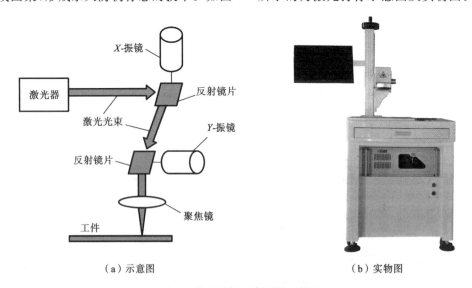

（a）示意图　　　　　　　（b）实物图

图 3-1　激光打标示意图及实物图

3.1.2　激光打标技术分类及特点

按加工材料不同,激光打标分为金属打标和非金属打标等两类。金属打标中比较典型的代表为输出波长 1064 nm 的光纤激光打标设备,其输出波长对于大多数金属材料均能产生较高的吸收率,对部分非金属材料也具有较好的加工效果。非金属打标中比较典型的代表为输出波长 10600 nm 的射频激励 CO_2 激光打标设备,其输出波长较长,木材、皮革、塑料等非金属材料对它有更高的吸收率。这两种打标设备如图 3-2 和图 3-3 所示。

图 3-2　光纤激光打标设备

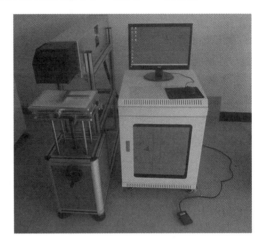

图 3-3　射频激励 CO_2 激光打标设备

按照对材料形成的热效应不同,激光打标加工分为热加工和冷加工等两种。激光打标加工时,一般都是热加工,利用高功率密度激光将材料进行气化,如光纤激光打标、CO_2 激光打标等。然而,有些激光打标加工并不是将材料进行气化,而是利用激光光子直接打断材料的分子键,这个加工过程几乎没有热影响区,因此称为"冷"加工过程,如紫外激光打标、皮秒激光打标等。这两种打标设备如图 3-4 和图 3-5 所示。

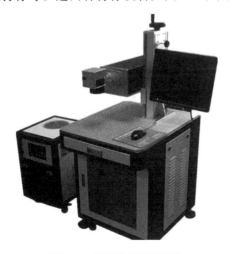

图 3-4　紫外激光打标设备

图 3-5　皮秒激光打标设备

激光打标技术是目前激光加工领域应用最广泛、最成熟的一项技术,激光打标技术的发展跟激光器技术性能的提高紧密相连。激光打标技术作为一种先进制造技术,具有下列自身的特点。

(1) 精度高:激光打标出来的线条宽度可达到 0.01 mm,人的头发直径一般是 0.07 mm,激光打标出来的线宽只有头发直径的七分之一,可见激光打标的线宽很窄;最小字符高度可达 0.1 mm。

(2) 速度快:激光打标线速度可达到 12000 mm/s,每秒可标刻 1000 个字符。

(3) 非接触式:激光打标为非接触式加工,不存在工具磨损,无力学应力。

(4) 加工灵活,自动化程度高:激光打标可实现任意形状及文字的雕刻,可自动跳号,方便与自动化流水线相配合,实现批量生产。

(5) 材料适用性广:激光可在金属材料及大部分非金属材料上面进行打标。

(6) 无耗材、无污染、标记效果具有永久性。

3.1.3 激光打标技术的发展及应用

激光打标是一种非接触、无污染、高效率的新型标记工艺,已经取代了喷码、气动、钢印等传统打标工艺。在金属打标领域,激光打标技术的发展是随着新型激光器件的发展而发展的,根据激光器件在激光打标技术中的应用,可简单地将激光打标技术划分为以下三个发展阶段。

1. 灯泵浦阶段

早期的激光打标设备是采用氪灯泵浦 ND:YAG 激光工作物质的灯泵浦激光器作为激光光源的,一般输出激光功率为 50 W,整机功耗 6 kW 左右。灯泵浦激光打标机转换效率低,产生热量多,需要配备大功率冷却系统,功耗大,体积较大,氪灯使用寿命短,只有几百小时。随着后续半导体激光技术的逐渐成熟,在打标领域,半导体泵浦 ND:YAG 激光器逐步取代了灯泵浦激光器,激光打标进入了半导体泵浦阶段。灯泵浦 ND:YAG 激光打标机如图 3-6 所示。

2. 半导体泵浦阶段

半导体泵浦激光打标技术于 2008 年年初在国内逐渐兴起,当时国内半导体侧面泵浦模块制造技术已经比较成熟,价格却只有进口同类产品的三分之一。市场需求进一步扩大,模块价格也随之下降,到 2009 年年末,国内半导体侧泵浦激光打标设备已经完全取代了灯泵浦激光打标设备,且基本上都是采用国产侧泵浦模块。半导体侧泵浦激光打标设备采用波长为 808 nm 半导体激光器泵浦 ND:YAG 激光工作物质,一般输出激光功率为 50 W,整机功耗 1.5 kW 左右。半导体侧泵浦激光打标机与灯泵浦激光打标机相比,能耗大大降低、转换效率高、体积较小,且半导体激光器使用寿命长达 10 万小时,使用和维护成本较低。

与半导体侧泵浦激光打标技术同时发展起来的还有半导体端面泵浦激光打标技术,由于一般的激光打标设备制造企业无法自行生产端面泵浦激光器,端面泵浦激光器的输出功率不高,且稳定性比侧泵浦激光器要差,价格也比侧泵浦激光器的更贵,因此市场上的占有

图 3-6 灯泵浦 ND:YAG 激光打标机

率不高。这两种打标机分别如图 3-7 和图 3-8 所示。

图 3-7 半导体侧泵浦激光打标机

图 3-8 半导体端面泵浦激光打标机

3. 光纤激光器阶段

在激光打标领域,光纤激光器在 2000 年就已经有应用,当时光纤激光器完全由国外所垄断,价格非常昂贵,因此国内用户非常有限。随着国内光纤激光技术的突破,2012 年,国产光纤激光器推向市场,以其质优价廉、完善的售后赢得了国内市场的认可。

光纤激光打标机一般输出激光功率为 20 W,整机功耗为 0.5 kW 左右。光纤激光打标机具有整机功耗低、输出光束质量好(1.2 左右)、体积小、性能稳定、免维护等优点,已经成为激光打标设备领域的主流产品,现在各个激光打标设备制造企业主推的都是光纤激光打标机。如图 3-9 和图 3-10 所示的分别为标准型与便携式光纤激光打标机。

随着工业领域逐渐进入精细加工时代,激光打标技术已广泛应用于各种产品生产、制造和加工领域,如各种饮料与医药包装、建筑材料、装饰用品、电子器件、精密器械、汽车摩托车配件、五金制品、洁具等产品批号、生产日期、条形码、各种图形文字等产品信息标记,如图 3-11 至图 3-22 所示。

图 3-9　标准型光纤激光打标机

图 3-10　便携式光纤激光打标机

图 3-11　医药包装盒

图 3-12　红酒包装盒

图 3-13　饮料生产日期

图 3-14　纽扣

图 3-15　装饰杯

图 3-16　化妆品

图 3-17　汽车透光按键

图 3-18　电气元件

图 3-19　电子器件

图 3-20　五金件

图 3-21　洁具用品

图 3-22　金属饰品

3.2　常用激光打标功能介绍

激光打标设备除了能标刻常见的文字和图案之外,还具有标刻条形码、2 维码,以及旋转标刻、自动跳号等功能。下面就国内最常用的打标软件中一些主要的功能分别进行简单介绍。

软件的主界面如图 3-23 所示。

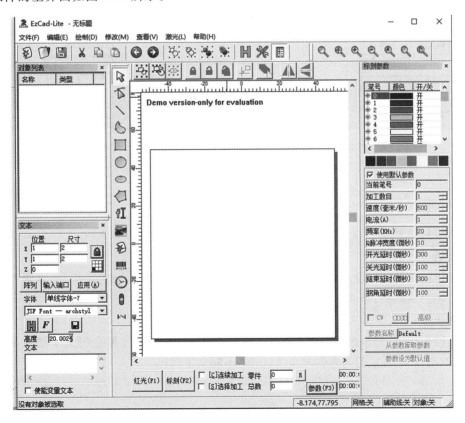

图 3-23　激光打标软件主界面

3.2.1　文字功能

打标软件支持在工作空间内直接输入文字,文字的字体包括系统安装的所有字体,以及软件自带的多种字体。如果要输入文字,在绘制菜单中选择"文字"命令或者单击 图标。

在绘制文字命令中,单击,即可创建文字对象。

选择文字后,在属性工具栏会显示如图 3-24 所示的文字属性,在文本编辑框里可直接对文字进行修改。

打标软件支持五种类型的字体,包括 TrueType 字体、单线字体、点阵字体、条形码字体及 SHX 字体,如图 3-25 所示。

选择字体类型后,字体列表会相应列出当前类型的所有字体,如图 3-26 所示的为 True-Type 字体列表。

图 3-24　文字属性

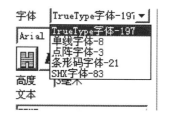

图 3-25　字体类型

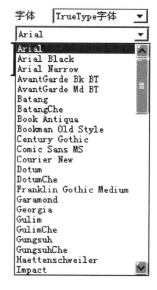

图 3-26　TrueType **字体列表**

以圆弧文本为例。

打开打标软件圆弧文本设置,在图 3-27 所示对话框选择 ☑ 圆弧文本 后,文本将会按照输入的圆直径进行排列,生成的示例图形如图 3-28 所示。

基准角度:指文字对齐的角度基准。

角度范围限制:如果使能此参数,则无论输入多少文字,系统都会把文字缩在限制的角度之内,如图 3-29 所示的为限制角度为 45°的不同文字对比。

3.2.2　条形码功能

1. 参数说明

在选择条形码字体后,单击图标 ,系统弹出如图 3-30 所示的对话框,具体参数介绍如下。

图 3-27　圆弧文本设置对话框

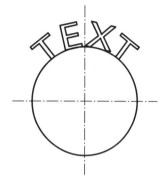

图 3-28　圆弧文本示例图形

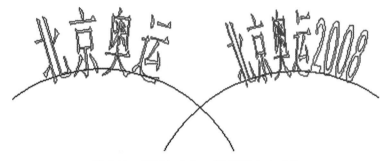

图 3-29　限制角度为 $45°$ 的不同文字对比

1）条码示例图

条码示例图显示的是当前条码类型对应的条码的外观图片。

2）条码说明

条码说明显示了当前条码的一些格式说明,如果用户对当前条码类型的格式不清楚,请先仔细阅读条码说明,可以了解到应该输入什么样的文字才是合法的。

3）文本

当前要显示的文本,如果显示 ☑有效 ,则表示当前文本现在可以生成有效的条码。

4）显示文本

是否在条码下方显示可供识别的文字,如图 3-31 所示。

图中各参数含义如下。

字体:当前要显示文本的字体。

文本高度:文本的平均高度。

文本 X 偏移:文本的 X 偏移坐标。

文本 Y 偏移:文本的 Y 偏移坐标。

文本间距:文本之间的间距。

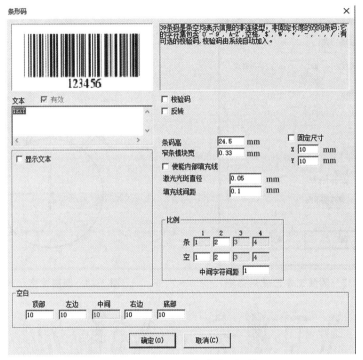

图 3-30 条形码字体参数对话框

5）空白

是指条码反转时，可以指定条码周围的空白区域的尺寸。

2. 1 维条形码

这种条码是由一个接一个的"条"和"空"排列组成的，条码信息靠"条"和"空"的不同宽度和位置来传递，信息量的大小是由条码的宽度和精度来决定的，条码越宽，包容的"条"和"空"越多，信息量越大。这种条码技术只能在一个方向上通过"条"与"空"的排列组合来存储信息，所以叫它"1 维条形码"。

图 3-32 所示的是 1 维条形码界面中的参数设置。

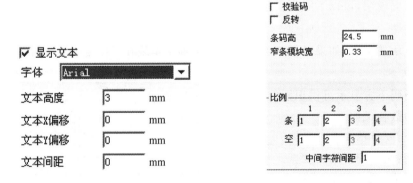

图 3-31 显示文本菜单   图 3-32 1 维条形码的参数设置

校验码：指当前条码是否需要校验码，有的条码可以由用户自己选择是否需要校验码，勾选后用户可以选择是否使用校验码。

反转:指是否反转加工,有的材料激光标刻后的标记是浅色的,必须勾选此项。

条码高:指条码的高度。

窄条模块宽:指最窄的条模块的宽度,也就是基准条模块宽度。1维条形码一般一共有四种宽度的"条"和四种宽度的"空",按照"条"与"空"的宽度从小到大,用1、2、3、4来表示为基准条宽的1、2、3、4倍。窄条模块宽度指条宽为1个基准条宽的宽度。

条2的实际宽度等于窄条模块宽度乘以条2的比例;条3,条4的宽度以此类推。

空1的实际宽度等于窄条模块宽度乘以空1的比例;空2,空3,空4的宽度以此类推。

中间字符间距:个别条码规定字符与字符之间有一定的间距(例如 Code39)。该参数用来设置此值,如图3-33所示。中间字符间距的实际宽度等于窄条模块宽度乘以中间字符间距的比例。

空白:条码左右两端外侧或中间与空的反射率相同的限定区域。空白区的实际宽度等于窄条模块宽度乘以空白的比例。

3. 2维码

QRCODE 2维码是2维码的一种,其字符集包括所有 ASCII 码字符。

图3-34、图3-35、图3-36 所示的分别为 QRCODE 2维码以及其对应的文本设置与参数设置。

图3-33 条码的中间字符间距

图3-34 QRCODE 2维码

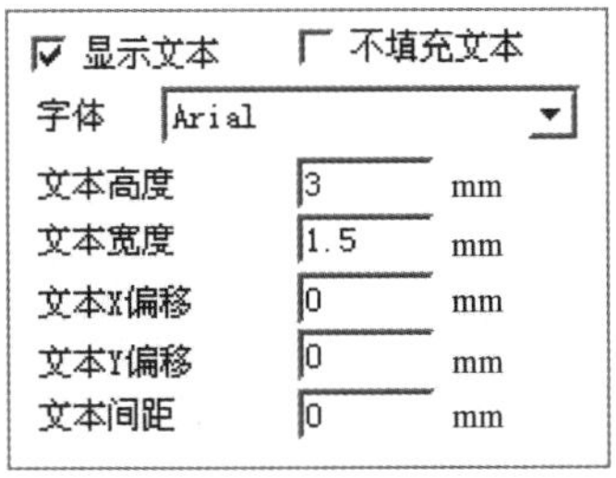

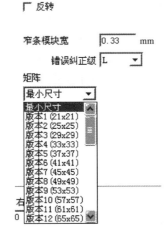

图3-35 QRCODE 2维码文本设置

图3-36 QRCODE 2维码参数设置

3.2.3 变量文本

1. 参数说明

勾选 使能变量文本 后,使能变量文本,系统将显示如图 3-37 所示的变量文本属性。变量文本是指在加工过程中可以按照用户定义的规律动态更改文本。

图 3-37 变量文本属性

文本间距 表示当前文本字符排列时字符之间的距离。

⊙ TT 表示字符间距是从左边字符右边界到右边字符左边界的距离,如图 3-38 所示。

○ TT 表示字符间距是从左边字符中心到右边字符中心的距离,如图 3-39 所示。

阵列 是专门用于变量文本阵列的特殊阵列,应用这个阵列的时候文本会自动变化。

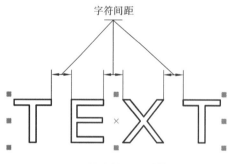

图 3-38 按字符边界计算间距

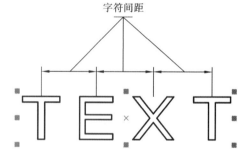

图 3-39 按字符中心计算间距

在 EzCad2 软件国际版里,变量文本是由各种不同的实时变化的文本元素按先后顺序组成的一个字符串。

用户可以根据需要添加各种变量文本元素,可以对文本元素进行排序。用户单击增加文本元素,系统会弹出如图 3-40 所示的文本元素对话框。

目前 EzCad2 支持以下 8 种类型文本元素。

固定文本:加工过程中文本中固定不变的元素。

序列号:加工过程中按固定增量改变的元素。

日期:加工过程中系统自动从计算机中读取日期信息的元素。

时间:加工过程中系统自动从计算机中读取时间信息的元素。

网络通信:加工过程中系统通过网络读取要加工的文本的元素。

串口通信:加工过程中系统通过串口读取要加工的文本的元素。

文件:加工过程中从文本文件中一行一行读取要加工的文本的元素。

键盘:加工过程中由用户从键盘输入要加工的文本的元素。

下面详细介绍这 8 种元素及其高级功能。

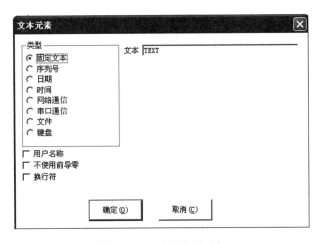

图 3-40 文本元素对话框

2. 固定文本元素

固定文本元素是指在加工过程中固定不变的元素,如图 3-41 所示。

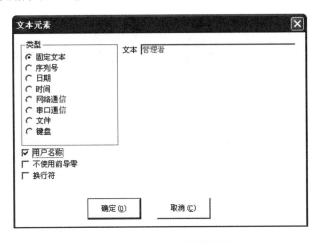

图 3-41 固定文本元素参数

换行符:应用在变量文本功能中,解决多个文本需要分行标刻的问题。勾选此项时,在两个文本之间增加一个换行符,软件根据换行符的位置自动把文本分行。若多个文本需要分为多行,只需在要分行的文本后面增加一个换行符即可。

固定文本有个专用选项是☑用户名称,勾选此项,系统会自动把当前使用 EzCad2 的用户名称替换固定文本。

下面举例说明在什么情况下需要使用固定文本中的用户名称功能。

假如现在要加工一批工件如图 3-42 所示,由于工人每天是三个班次轮流倒休,为了控制质量,需要每个操作员在工件的不加工部分标刻上自己的姓名。由于只有设计员和管理员才有更改加工文件的权限,操作员无法更改加工文件去添加自己的名字,此时就需要用到固定文本中的"用户名称"功能。

管理员必须使能"使用当前软件必须输入使用者密码"的选项,然后为每个操作员建立

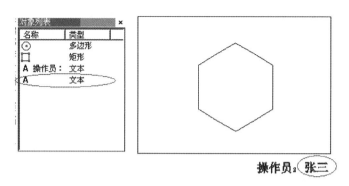

图 3-42 固定文本中用户名称的加工实例

一个用户名称和密码。设计员做好如图 3-42 所示的加工文件,并将对象列表的最后一个文本设置成使用固定文本元素的用户名称功能。这样每个操作员上班打开 EzCad2 后,就必须输入自己的用户名称和密码,在加工此文件的时候系统会自动把最后一个文本改成操作员名称。

3. 序列号元素

序列号元素是加工过程中按固定增量改变的文本元素。

当用户选择了序列号元素时,文本元素对话框就会自动显示出序列号元素的参数定义,如图 3-43 无反顾所示。

开始序号:指当前要加工的第一个序号。

当前序号:指当前要加工的序号。

序号增量:指当前序号的增加量。可以为负值,当设置为负值时表示序号递减。

如当前序号的增加量为 1,如果开始序号是 0000,则每个序号会在前一序号的基础上加 1,如 0000,0001,0002,0003,…,9997,9998,9999;当序号到 9999 时,系统会自动返回到 0000。

如当前序号的增加量为 5,如果开始序号是 0000,则每个序号会在前一序号的基础上加 5,如 0000,0005,0010,0015,0020,0025,…其他以此类推。

每个标刻数:指每个序号要加工指定的数目后,才会改变序列号。然后再加工到指定的数目后,再次改变序列号,以此循环。

模式:指当前序列号的进制模式,如图 3-44 所示。

图 3-43 序列号元素的参数定义　　　**图 3-44 序列号进制模式**

其中,Dec 是指序列号按十进制进位,有效字符为 0~9;HEX 是指序列号按大写十六进

制进位,有效字符为 0～9 和 A～F;hex 是指序列号按小写十六进制进位,有效字符为 0～9 和 a～f;

User define 是指序列号按用户自己定义的进制进位,选择此项后,单击设置系统会弹出如图 3-45 所示对话框。

用户可以定义二进制～六十四进制之间的任意进制,用户只需要定义最大进制数,然后修改每个序号对应的文本就可以。

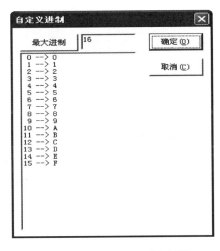

图 3-45 自定义进制设置对话框

图 3-46 日期元素的参数定义

4. 日期元素

日期元素是加工过程中系统自动从计算机中读取日期信息的文本元素。

当用户选择了日期元素时,文本元素对话框就会自动显示日期元素的参数定义,如图 3-46 所示。其中,各参数说明如下。

年-2008:使用当前计算机时钟的年份作为对应文本,格式为 4 个字符。

年-08:使用当前计算机时钟的年份作为对应文本,格式为 2 个字符,只取年份后两个数字。

月-05:使用当前计算机时钟的月份作为对应文本,格式为 2 个字符。

日-06:使用当前计算机时钟的每月中的日作为对应文本,格式为 2 个字符。

天-127:使用当前计算机时钟的当前这一天离 1 月 1 日的天数作为对应文本,格式为 3 个字符(1 月 1 日为 001,1 月 2 日为 002,以此类推)。

星期-2:使用当前计算机时钟的星期几作为对应文本,格式为 1 个字符。

周-19:使用当前计算机时钟的当天是本年的第几周为对应文本,格式为 2 个字符(1 月 1 日－1 月 7 日为 01,1 月 8 日－1 月 14 日为 02,以此类推)。

日期偏移:指系统取计算机时钟的日期时,要加上设置的偏移日期才是要加工的日期,此功能主要用于食品等行业有生产日期和保质日期的工件加工。

自定义月份字符:当用户选择了月份作为对应的文本时,会在右侧出现如图 3-47 所示的自定义月份字符。用户可以自己定义月份字符,不再使用软件默认的数字,而改用其他的字符来表示,只需要双击选中的月份,输入代表月份的其他字符,最后在软件界面上显示的月份就是用输入的字符表示的。

5. 时间元素

时间元素是加工过程中系统自动从计算机中读取时间信息的文本元素。

当用户选择了时间元素时,文本元素对话框会自动显示时间元素的参数定义,如图 3-48 所示。其中,各参数说明如下。

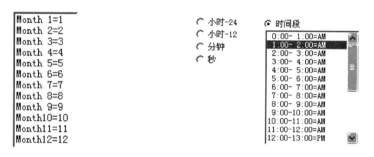

图 3-47　自定义月份字符　　　　图 3-48　时间元素的参数定义

小时-24:使用当前计算机时钟的小时作为对应文本,时间格式使用 24 小时制。

小时-12:使用当前计算机时钟的小时作为对应文本,时间格式使用 12 小时制。

分钟:使用当前计算机时钟的分钟作为对应文本。

秒:使用当前计算机时钟的秒作为对应文本。

时间段:把一天 24 小时分成 24 个时间段,每个时间段用户可以自定义一个文本。这个功能主要用于工件需要有班次信息的加工场合。

6. 网络通信元素

网络通信元素是加工过程中系统自动通过计算机网络接口从网络上读取文本的元素。注意:本文所说的网络接口是指使用 TCP/IP 协议通信的网络接口。

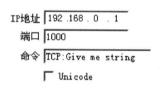

图 3-49　网络通信元素的参数定义

当用户选择了网络通信元素时,文本元素对话框会自动显示出网络通信元素的参数定义,如图 3-49 所示。其中,各参数说明如下。

IP 地址:选择需要从网络上哪个 IP 地址的计算机读取数据。

端口:选择网络通信使用的端口号。

命令:当系统加工到此文本对象时,系统会通过网络接口向指定 IP 地址的计算机发送此命令字符串,请求把当前需要加工的字符串发出来,系统会一直等待指定计算机回答后才返回,指定计算机回答后系统会自动加工返回的文本。

Unicode:在勾选此选项后系统向指定计算机发送和读取的字符都是 Unicode 格式的,否则为 ASCII 格式的。

下面结合具体实例来说明该功能的使用方法。

现在有个客户需要加工 10000 个工件,工件上的打标内容是一个文本,但是每个工件要加工的文本内容都不一样,所以每次加工前都要实时通过网络从局域网上一台计算机服务器(IP:192.168.0.1 端口为 1000)上读取要加工的内容。

● 打开 EzCad2 生成一个文本对象,调整文本大小和位置,以及加工参数。

● 选择生成的文本对象,选择使能变量文本,然后单击"增加"按钮,系统会弹出对话框,选择网络通信一项,设置网络接口参数,IP 地址参数填入服务器计算机的 IP 为 192.168.0.1;端口参数设置为用于通信的端口号,为 1000,注意网络接口参数必须和服务器计算机上设置的网络接口参数一样,否则会导致无法通信。

● 设置命令为"TCP:Give me string"(这个命令可以为任意服务器定义的命令)。

● 关闭对话框后单击"应用"按钮。

● 按 F2 键,开始加工,计算机会立即通过网络接口发送命令"TCP:Give me string"到服务器,并等待服务器返回。

● 服务器发现网络接口接收到命令"TCP:Give me string",立即读取数据库得到当前要加工的文本,然后通过网络接口回答给本地计算机。

● 本地计算机得到要加工的文本后,立即更改加工数据发送到打标卡。

● 打标卡接收到加工数据后,立即控制打标机加工工件。

流程图如图 3-50 所示。

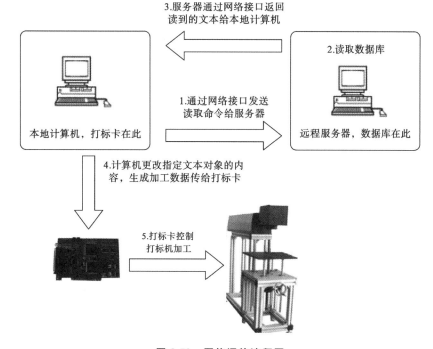

图 3-50　网络通信流程图

7. 串口通信元素

串口通信元素是加工过程中系统自动通过计算机串口从外部设备上读取文本的元素。

当用户选择了串口通信元素时,在文本元素对话框中会自动显示串口通信元素的参数定义,如图 3-51 所示。图中各参数说明如下。

端口:选择计算机与外部设备连接使用的串口号。

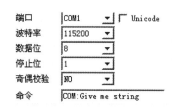

图 3-51　串口通信元素的参数定义

波特率:选择串口通信使用的数据传输速率。

数据位:选择串口通信使用的数据的位数。

停止位:选择串口通信使用的停止位的位数。

奇偶校验:选择串口通信使用的奇偶校验的位数。

命令:当系统加工到此文本对象时,系统会通过当前串口向外部设备发送此命令字符串,请求外部设备把当前需要加工的字符串发出来,系统会一直等待外部设备回答后才返回,外部设备回答后系统会自动加工返回的文本。

Unicode:在勾选此选项后,系统向外部设备发送和读取的字符都是 Unicode 格式的,否则为 ASCII 格式的。

下面举例来说明一下如何使用此功能。

现在有个客户需要加工 10000 个工件,工件上的打标内容是一个文本,但是每个工件要加工的文本内容都不一样,所以每个工件加工前都要实时通过串口到另外一台服务器(服务器上串口参数设置为,波特率为 15200,数据位为 8 位,停止位为 1,奇偶校验为 NO)上读取要加工的内容。

- 打开 EzCad2 生成一个文本对象,调整文本大小和位置,以及加工参数。
- 选择生成的文本对象,选择使能变量文本,然后单击"增加"按钮,系统会弹出对话框,选择串口通信一项,设置串口参数和服务器的串口参数对应(波特率为 15200,数据位为 8 位,停止位为 1,奇偶校验为 NO),端口设置为当前和服务器连接使用的端口号,注意串口参数必须和服务器上设置的串口参数一样,否则会导致无法通信。
- 设置命令为"COM:Give me string"(注意这个命令可以为任意服务器定义的命令)。
- 关闭对话框后单击"应用"按钮。
- 按 F2 键,开始加工,计算机会立即通过串口发送命令"COM:Give me string"到服务器,并等待服务器返回。
- 服务器发现串口接受到命令"COM:Give me string",立即读取数据库得到当前要加工的文本,然后通过串口回答给本地计算机。
- 本地计算机得到要加工的文本后,立即更改加工数据发送到打标卡。
- 打标卡接收到加工数据后,立即控制打标机加工工件。

流程图如图 3-52 所示。

8. 文件元素

当前 EzCad2 软件的文件元素支持下列两种文件格式。

1) TXT 文本文件

当选择了 TXT 文件,系统会显示如图 3-53 所示的内容,要求用户设置文件名称和当前要加工文本的行号。

自动复位:当加工到文本文件最后内容时,行号复位为 0,重新从第一行开始加工。

每次读整个文件:当加工到文本文件时直接读取整个文件。

2) Excel 文本文件

当选择了 Excel 文件时,系统会显示如图 3-54 所示的内容,要求用户设置文件名称、字段名称和当前要加工文本的行号。

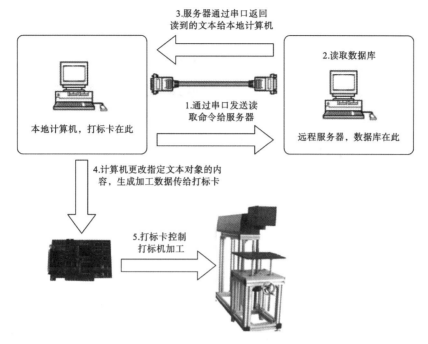

图 3-52 串口通信流程图

图 3-53 TxT 文件元素的参数定义   图 3-54 Excel 文件元素的参数定义

字段名称:是指 Excel 文件表中表 1 所有列的第一行的文本。加工时系统会自动从对应的列中取出要加工的文本。

9. 键盘元素

键盘元素是由用户从键盘输入要加工的文本,当选择了键盘元素,系统会显示如图 3-55 所示的内容,要求用户设置键盘元素参数。

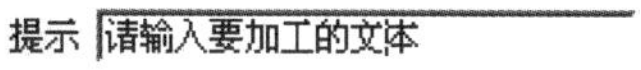

提示 请输入要加工的文本

图 3-55 键盘元素参数

提示:在加工中系统遇到键盘变量文本时会弹出输入对话框,要求用户输入要加工的文本,如图 3-56 所示,此时用户直接手工输入要加工的文本即可。

键盘元素功能经常用在加工时需要实时输入要加工的内容的场合。假如客户当前要加工一批工件,每个工件上都印有一个条形码,加工的时候需要用户用条码扫描枪实时从工件上读取条形码的内容,然后用激光标刻到工件指定位置上,这时候就可以使用键盘元素功能。加工的时候系统弹出对话框,操作员用条码扫描枪扫描工件上的条形码,条码扫描枪会自动把读取的内容输入到对话框里面,并自动关闭对话框,然后系统会自动开始加工刚才读取的内容。

10. 高级功能

选择高级功能后，系统会弹出如图 3-57 所示对话框。

图 3-56　键盘输入文本对话框　　　　图 3-57　高级功能对话框

标刻自己：在某些场合，用户需要将输入的键盘文本分割后放在不同的位置标刻，同时还需要将此键盘文本也标刻出来，则可应用此功能来解决。设置好分割字符的相关参数后，勾选"标刻自己"，在标刻时，除了标刻出设置的分割字符之外，还会在相应的位置标刻出刚才输入的所有键盘文本。

当前高级功能里面有分割字符串功能，现举个加工实例来说明。

北京奥运会门票上印刷的条形码上有比赛场的入口号以及座位号信息，但是条形码所包含的信息是人眼无法直接分辨的，必须用激光把此信息标刻到门票指定位置上。这时候就可以使用分割字符串功能，通过条码扫描枪读取条形码上的序列号，然后自动将序列号进行分割，并加工到指定位置。如图 3-58 所示的为奥运门票示意图，条码下面的序号是条码内容，序号一共包含 7 个字符，前 3 个字符表示入口号，后 4 个字符表示座位号，条码扫描枪读出的是整个字符串，EzCad2 必须自动把读到的序列号按要求分割并放到指定位置。

（1）建立一个键盘变量文本。

建立文本→使能变量文本→增加→键盘，如图 3-59 所示。

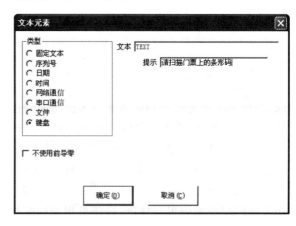

图 3-58　奥运门票示意图　　　　　图 3-59　键盘变量文本对话框

（2）输入提示信息、单击"确定"按钮，用户会得到如图3-60所示的界面。

● 单击"高级"按钮，可以得到如图3-61所示的参数对话框。

图 3-60　键盘变量文本属性

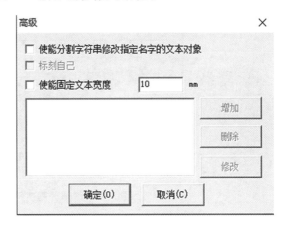

图 3-61　高级参数对话框

在字符串中第一个字符的位置：在 TEXT1 文本中起始字符是键盘变量文本的字符串中的第几个字符。

从字符串中提取的字符总个数：从设定的第一个字符在键盘变量文本的字符串中提取几个字符。

想要修改字符内容的文本对象的名称：输入想要把分割读取的字符修改的那个固定文本的名称。

● 单击"高级"按钮，可以得到图3-62所示的高级对话框。

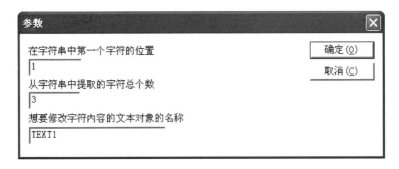

图 3-62　增加分割字符串参数

● 勾选使能分割字符串修改指定名字的文本对象，单击"增加"按钮，此时会出现如图3-62所示对话框。

这里增加两个条件，一个是修改 TEXT1 的对象，从第1个字符开始取3个字符，另外一个是修改 TEXT2 的对象，从第4个字符开始取4个字符。设置完毕，结果如图3-63所示对话框。

● 建立两个文本对象并将其名称改为 TEXT1，TEXT2。这里应注意在对象列表中键盘变量文本要排在两个固定文本之前，把 TEXT1 对象放在入口号要加工的位置，把 TEXT2 对象放在座位号要加工的位置，放置完毕后设置需要的加工参数。

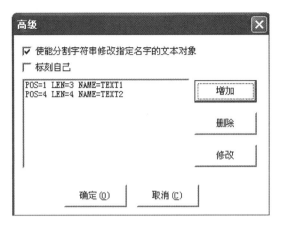

图 3-63 增加分割字符串结果

● 单击主界面处的"标刻"按钮或按 F2 键,这时候系统会弹出如图 3-56 所示对话框,此时用户用条码扫描枪扫描门票上的条形码,系统就会自动把读入的序列号分割放到 TEXT1 和 TEXT2 上面并加工。

3.3 影响激光打标效果的因素

改善激光打标效果,提高加工性能,离不开对以下这些因素的优化。

1)与激光束相关的因素

激光的输出形态中包含连续输出 CW 模式和脉冲模式。对材料进行激光加工时,材料对激光的吸收特性与激光波长有关;聚焦光斑直径大小与激光光束质量和波长有关;激光束本身的脉冲宽度和频率会影响峰值功率;激光器输出功率大小影响功率密度。

2)与聚焦镜相关的因素

焦距是指从聚焦镜中心位置处到焦点的距离,是直接影响焦点位置处的光斑直径和焦深的因素。

3)其他相关的因素

这些因素有材料本身的表面粗糙度、打标速度、填充方式、填充线间距等。

3.3.1 焦点位置与打标的关系

在影响激光打标效果的各种因素中,焦点位置对打标效果的影响最大。

激光打标,是将激光光束聚焦后作用在材料表面,使材料瞬间气化的方法。要使材料瞬间气化,就需要非常高的峰值功率密度,而焦点位置处的功率密度最高,因此,材料被加工面要放置于焦点位置处。焦点位置的变化会引起作用在材料表面光束直径的改变,其结果就会影响打标的线宽及精度,如图 3-64 所示。图 3-64(a)所示的为焦点位置处打标效果,向右逐步调大离焦量,可见离焦量越大,打标线条越宽、效果越模糊。

（a）焦点位置打标

（b）有离焦量位置打标

（c）大离焦量位置打标

图 3-64 不同焦点位置处打标效果图

3.3.2 透镜焦距与打标的关系

透镜焦距不同，聚焦后光斑直径和焦深都有所不同，打标的幅面大小也不同。以当前应用最广的光纤激光打标机为例，其输出的一般都是基模光束，其聚焦光斑直径为：

$$d_0 = 2f\lambda/D$$

式中：f 为透镜焦距；λ 为激光束波长；D 为入射于透镜的光束直径。从此表达式可看出，在其他参数不变的情况下，焦距越长，聚焦光斑直径越大。我们以常见的光纤激光打标机为例来进行计算，$f=160$ mm，$\lambda=1064$ nm，$D=7$ mm，计算出 $d_0=0.049$ mm，即光纤激光打标机的标记线宽为 0.05 mm。图 3-65 所示的为在其他参数不变、只更换不同的焦距的情况下，在同种材料表面打标的效果。

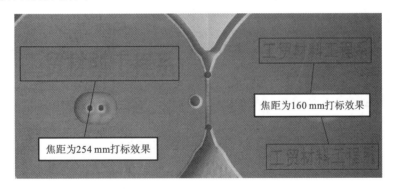

焦距为160 mm打标效果

焦距为254 mm打标效果

图 3-65 同种材料表面不同焦距打标效果图

从图 3-65 所示的效果图对比可看出：（1）焦距越长，聚焦光斑直径越大，打标时线条更粗，到达材料表面的激光功率密度更小，打标效果更模糊；（2）焦距越长，打标出来的字体变大，即打标范围增大。

激光是一种高斯光束，在经过聚焦镜聚焦后，其聚焦光斑大小在一定范围内可认为保持不变，此范围的长度就是焦深。在不考虑聚焦透镜像差的情况下，焦深 Z_d 可用下式来近似进行计算：

$$Z_d = \pm 0.46 d_0^{\ 2}/\lambda$$

式中:d_0 为聚焦光斑直径,$d_0 = 2f\lambda/D$;f 为透镜焦距;λ 为激光束波长;D 为入射于透镜的光束直径。按上例聚焦光斑 0.05 mm 进行计算,焦深为 ±1 mm,焦深很短。因此,打标时可调的范围很窄,要准确找到焦点位置,才能获得较好的打标效果。从焦深计算式可看出,焦深与聚焦镜焦距、激光波长成正比,与入射激光直径成反比。因此,想获得更长的焦深,需要采用焦距更长的聚焦镜或缩小入射光直径。

3.3.3 激光功率、打标速度与打标的关系

激光功率是直接影响打标效率的参数,功率越大,打标速度越快。在速度一定的情况下,不同功率的打标效果如图 3-66 所示。

（a）功率不足　　　　　　（b）功率适中　　　　　　（c）功率过高

图 3-66　不同功率打标效果图

图 3-66 中,从左到右功率逐渐增大。图 3-66(a)所示的是功率不足,打标效果不清晰的示例;图 3-66(c)所示的是功率过高,热影响区域明显,被加工材料加工区域出现明显过加工现象,造成被加工图形出现阴影的示例;图 3-66(b)所示的是功率适中,打标效果清晰的示例。

打标速度就是加工效率,速度越快,单位时间内加工产品的个数就越多,效率越高。在其他参数不变的情况下,不同打标速度下的打标效果如图 3-67 所示。

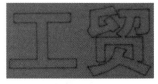

（a）速度较小　　　　　　（b）速度适中　　　　　　（c）速度较快

图 3-67　不同速度打标效果图

图 3-67 中,从左到右速度逐渐加大。图 3-67(a)所示的是打标速度太慢,打标轮廓熔融在一起,线条变粗的示例;图 3-67(c)所示的是打标速度太快,打标的图形呈现一些点状,没有形成连贯线条,打标效果不清晰的示例;图 3-67(b)所示的是打标速度适中,打标效果清晰的示例。

3.3.4 频率与打标的关系

频率是指 1 秒内发射出激光脉冲的个数,激光打标属于精细加工,打标所形成的图形是由一个个脉冲点组成的,所需频率一般都要求较高,达到 kHz 数量级。在其他参数不变的情况下,不同频率下的打标效果如图 3-68 所示。

（a）频率很低   （b）频率较低   （c）频率适中

图 3-68   不同频率打标效果图

图 3-68 中,从左到右频率逐渐加大。图 3-68（a）所示的是频率很低,打标轮廓点与点之间的间隔很远,图形不清楚的示例;图 3-68（b）所示的是频率加大后,打标的图形虽然仍然呈现一些点状,但图形的轮廓已经清晰可见的示例;图 3-68（c）所示的是频率继续加大后打标效果清晰,轮廓成连贯线条状的示例。

然而,激光打标频率并不是越高越好,频率越高,脉冲宽度越宽,输出的激光越接近连续光,峰值功率就越低;在加工有些材料时,峰值功率太低将无法标刻出清晰的文字或图案。在加工标刻参数设置底部有个 CW 勾选项（主要适用于端面泵浦激光打标机的情况）,如图 3-69 所示,将 CW 勾选后,以连续光输出,此时输出的激光不具有峰值功率。在 CW 模式下进行打标,被称为"火烧"模式。"火烧"模式主要应用在一些油漆产品表面打标,一般先用 CW 模式打标一次,再用低频打标一次,这样能提高打标效率,如图 3-70 所示的打标产品。

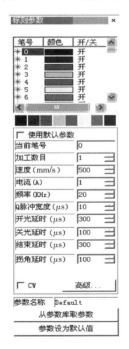

图 3-69   CW 模式设置参数

图 3-70   "火烧"模式打标出的汽车透光按键

3.3.5   材料、激光波长与打标的关系

激光打标加工材料时,主要是利用材料对激光的吸收特性而进行打标的。不同材料对

同一波长激光吸收效率存在很大差别。如图 3-71 所示的是在相同激光参数情况下对不同材料进行打标后的效果。

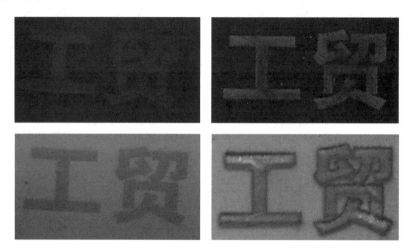

图 3-71　不同材料打标效果图

从图 3-71 所示不同材料打标效果对比可得出，对不同材料进行打标时，应选择不同打标参数，以便获得较好的打标效果。

同时，同种材料对不同波长激光的吸收率也有很大差别。如图 3-72 所示的是同种材料用不同波长激光打标的效果。

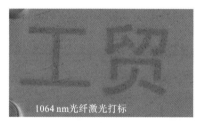

1064 nm光纤激光打标　　　　355 nm紫外打标

图 3-72　同种材料用不同波长激光打标效果图

从图 3-72 可见，要打标出较好的效果，需要选择适合波长的激光打标设备。

3.3.6　填充与打标的关系

填充是指对指定的图形进行填充的操作。被填充的图形必须是闭合的曲线图形。如果选择了多个对象进行填充，那么这些对象可以互相嵌套，或者互不相干，但任何两个对象不能有相交部分，以免进行填充时，达不到期望的填充效果。在进行打标加工时，一般为了打标效果清晰都需要进行填充，图 3-73 所示的是填充对打标效果的影响示例。

从图 3-73 可见，填充的线间距越小，所形成的文字或图案就越清晰；但并非填充越小越好，由于激光打标，是按照逐点逐行进行扫描的，因此填充越小，扫描的点和行就越多，打标时间越久，材料所形成的热积累越多，容易使材料变形。因此，在进行填充时，应根据实际需求合理选择填充参数。

图 3-73 填充对打标效果的影响

3.4 常见材料激光打标工艺

3.4.1 金属材料激光打标工艺

在工业生产中,利用激光在金属材料上打标来标识产品相关信息是较为常见的。激光标刻金属材料的难易程度并不取决于材料的硬度,而是取决于金属材料对激光的吸收程度。不锈钢材料现在广泛应用于各种产品中,对不锈钢材料表面进行打标比较常见。不同不锈钢产品对打标效果要求也不同,有些需要将不锈钢打白、有些需要打黑、有些则需要加工出彩色效果、有些对深度有要求、有些要有立体效果。

对不锈钢打标出不同颜色,主要是通过脉冲激光对不锈钢进行热加工过程中,不同参数产生的热影响有一定的差别来实现的,其中脉宽是一个最重要的影响因素,窄脉宽激光更容易打标出白、黑、深蓝等颜色,如图 3-74、图 3-75 所示。

对不锈钢打标出彩色,也需要激光热作用,但却是在不锈钢表面生成一层薄薄的透明氧化膜来实现的。不同参数情况下,打标形成的这层氧化膜厚度不同,其产生的干涉效应不同,从而在不锈钢表面产生各种颜色,形成彩色图案,如图 3-76 所示。

对打标深度有要求时,其深度主要依靠高功率激光打标设备及打标时速度适当调小和多次打标来实现,如图 3-77 所示。

打标出立体效果,需要硬件和软件方面的支持。硬件方面,需要将普通的振镜换成 3 维动态聚焦振镜,增加 Z 方向自动调节功能,使其在不同高度位置进行打标时都能保持在焦平面处,还要采用专门的控制板卡;软件方面也需要更换成 3 维打标软件,立体打标效果如图 3-78 所示。

| 图 3-74 不锈钢打白 | 图 3-75 不锈钢打黑 | 图 3-76 不锈钢彩色打标 |

图 3-77　不锈钢深度打标

图 3-78　立体打标

3.4.2　塑料激光打标工艺

塑料制品已经充斥在我们生产、生活的各种产品中。由于塑料制品种类繁多,加工工艺区别很大。在一些塑料包装制品上面标刻生产日期等信息时,大部分都是采用 CO_2 激光打标设备进行加工,如图 3-79 所示。一些电器外壳上标识产品信息时,需要标刻出明显的对比度,此时利用 CO_2 激光打标设备是无法满足效果要求的,需要使用光纤激光打标设备打标才能获得较好的清晰效果,如图 3-80 所示。在对一些特殊塑料材料进行激光打标时,有些还需要通过添加激光粉后才能用光纤激光打标机加工出明显的效果,而有些不能改变其材料成分,只能利用紫外激光打标机加工出所需要的效果,如图 3-81 所示。

图 3-79　饮料瓶身打标　　　　图 3-80　塑料灯头打标　　　　图 3-81　特殊材料打标

3.4.3　木材激光打标工艺

在一些木质工艺品及木质家具用品中,经常需要利用激光对相应产品进行标刻。CO_2 激光打标机可以有效地打标不同种类的木材及人造层压板和木屑板,在打标过程中不产生木屑,没有工具损耗和噪声,打标出的图案清晰、光滑、不会磨损,如图 3-82 所示。

激光打标木材有两种不同的 CO_2 激光打标设备,一种是封离式 CO_2 激光管,另一种是射频激励 CO_2 激光器。封离式 CO_2 激光管不管功率大小都采用水冷;射频激励 CO_2 激光器在30 W 以内时大多采用风冷,超过 30W 时一般采用水冷。射频激励 CO_2 激光器输出的光束质量要比封离式 CO_2 激光管的好,聚焦后所获得的光斑要小得多,在打标精度和清晰度方面具

图 3-82 木制品打标

有明显的优势。在功率稳定性和使用寿命方面,射频激励 CO_2 激光器要比封离式 CO_2 激光管具有明显优势。一般射频激励 CO_2 激光器能正常使用 5 年左右,而封离式 CO_2 激光管一般只能使用 1 年左右。在价格方面,射频激励 CO_2 激光器要比封离式 CO_2 激光管贵得多。

复习思考题

1. 激光打标技术的发展方向有哪些?
2. 普通光纤激光打标机输出的脉冲宽度是多少?
3. 激光打标时,打标出的图案效果是一些点状,可能是什么原因造成的?该如何解决?
4. 激光打标时其输出的平均功率只有几十瓦,为什么能够将材料气化?
5. 激光打标的概念是什么?
6. 激光打标时,改变打标频率会起到什么样的作用效果?
7. 常见的激光打标设备有哪些?各自有什么特点?
8. 激光打标不锈钢材料时,打标出的图案周围发黄,这是什么原因造成的,该如何解决?
9. 激光打标时焦点位置如何确定?
10. 进行打标填充时,填充线间距对打标效果有什么影响?
11. 激光打标常用的功能有哪些?

4

激光焊接技术

4.1 激光焊接技术概述

1. 发展及应用

激光焊接能够焊接高熔点、难熔、难焊的金属,如钛合金、铝合金等材料,其热变形极小,激光焊接过程对环境没有污染,是一种无接触加工方式。激光焊接的焊点、焊缝整齐美观,易于与计算机数控系统或机械手、机器人配合,实现自动焊接,生产效率高。激光焊缝的力学强度往往高于母材的力学强度。这是由于激光焊接时,金属熔化过程对金属中的杂质有净化作用,因而焊缝不仅美观而且强度高于母材的强度。图4-1所示的零件就是激光焊接而成的,焊缝部分光滑平整,外形美观。

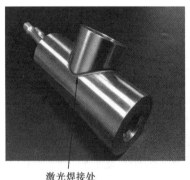

激光焊接处 激光焊接处

图4-1 激光焊接的零件

20世纪60年代,激光器诞生不久就开始研究激光焊接了,从开始的薄小零件的焊接到目前大功率激光焊接在工业生产中的大量的应用,经历了近半个世纪的发展。

由于激光焊接具有能量密度高、变形小、热影响区窄、焊接速度高、易实现自动控制、无需后续加工的优点,近年来正成为金属材料加工与制造的重要手段,越来越广泛地应用在汽车、航空航天、国防工业、造船、海洋工程、核电设备等领域,所涉及的材料涵盖了几乎所有的金属材料。

与传统的焊接方法相比,虽然激光焊接尚存在设备昂贵、一次性投资大、技术要求高等问题,使得激光焊接在我国的工业应用还相当有限,但激光焊接生产效率高和易实现自动控制的特点使其非常适于大规模生产线和柔性制造。焊接方法分类如图 4-2 所示。

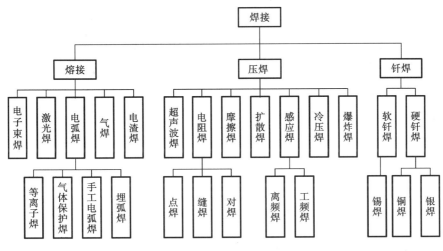

图 4-2   焊接方法分类

2. 概念及特点

激光焊接是利用高能量密度的激光束作为热源的一种高效精密焊接方法。激光焊接是激光材料加工技术应用的重要方面之一。20 世纪 70 年代主要用于焊接薄壁材料和低速焊接,焊接过程属热传导型的,即激光辐射加热工件表面,表面热量通过热传导向内部扩散,控制激光脉冲的宽度、能量、峰值功率和重复频率等参数,使工件熔化,形成特定的熔池。由于激光焊接独特的优点,已成功应用于微、小型零件的精密焊接中。激光焊的特点如下。

(1)激光焊是利用大功率相干单色光子流聚焦而成的激光束为热源进行焊接的。

(2)这种焊接方法通常有连续功率激光焊和脉冲功率激光焊。

(3)激光焊的优点是不需要在真空中进行,缺点则是穿透力不如电子束焊强。激光焊能进行精确的能量控制,因而可以实现精密微型器件的焊接。

(4)它能应用于很多金属材料的焊接,特别是能解决一些难焊金属及异种金属的焊接。

4.2   常用激光焊接功能介绍

激光焊接常用的激光光源是 CO_2 激光器和固体 YAG 激光器。依激光器输出功率的大小和工作状态,激光器工作的方式可分为连续输出方式和脉冲输出方式等两类。被聚焦的激光光束照射到焊件表面的功率密度一般为 $10^4 \sim 10^7$ W/cm^2。其焊接的机制也因功率密度的大小,区分为激光热传导焊接和激光深熔焊接等两种。

图 4-3 所示的为激光热传导焊接原理示意图;图 4-4 所示为激光深熔焊的原理示意图。

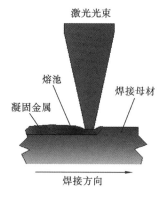

图 4-3 激光热传导焊接原理示意图

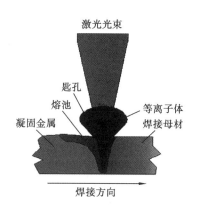

图 4-4 激光深熔焊原理示意图

由于不同材料间相异的物理、化学和力学性能,不可避免地会出现很多问题,所以根据待焊的两种金属材料相同与否,可以将激光焊接分为同种金属激光焊接和异种金属激光焊接等两种。

根据焊接工艺的特点,激光焊接又分为激光填丝焊、激光钎焊、双光束焊、复合焊等。

4.2.1 激光焊接的原理与特性

1. 激光焊接的原理

激光焊接是利用激光束优异的方向性和高功率密度等特性进行工作的,通过光学系统将激光束聚焦在很小的区域内,在极短的时间内使被焊处形成一个能量高度集中的热源区,从而使被焊物熔化并形成牢固的焊点和焊缝。

1) 激光热传导焊接

激光热传导焊接的过程是:焊件结合部位被激光照射,金属表面吸收光能而使温度升高,热量依照固体材料的热传导理论向金属内部传播扩散,被焊工件结合部位的两部分金属,因升温达到熔点而熔化成液体,迅速凝固后,两部分金属熔接在一起。激光参数不同时,扩散时间、深度也有区别,这与激光脉冲宽度、脉冲能量、重复频率等参数有关。

热传导型激光焊接,需控制激光功率和功率密度,金属吸收光能后,不产生非线性效应和小孔效应。激光直接穿透深度只在微米数量级,金属内部升温靠热传导方式进行。激光功率密度一般在 $10^4 \sim 10^5$ W/cm² 内,使被焊接金属表面既能熔化又不会气化,而使焊件熔接在一起。

2) 激光深熔焊接

与激光热传导焊接相比,激光深熔焊接需要更高的激光功率密度,一般需用连续输出的 CO_2 激光器。激光深熔焊接的机制与电子束焊接的机制相近,功率密度在 $10^6 \sim 10^7$ W/cm² 内的激光光束连续照射金属焊缝表面,功率密度足够高的激光使金属材料熔化、蒸发,并在激光光束照射点处形成一个小孔。这个小孔继续吸收激光光束的光能,使小孔周围形成一个熔融金属的熔池,热能由熔池向周围传播,激光功率越大,熔池越深,当激光光束相对于焊件移动时,小孔的中心也随之移动,并处于相对稳定状态。小孔的移动就形成了焊缝,这种焊接的原理不同于脉冲激光的热传导焊接的原理。图 4-5 所示的是激光深熔焊接小孔效应的示意图。激光深熔焊接依靠小孔效应,使激光光束的光能传向材料深部,激光功率足够大时,小孔深度加大,随着激光光束在焊件中移动,金属液体凝固形成焊缝,焊缝窄而深。

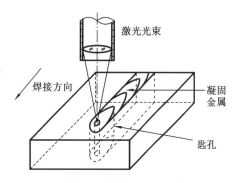

图 4-5 激光深熔焊接小孔效应示意图

2. 激光焊接的特性

焊接特性是金属材料通过加热、加压或两者并用的焊接方法把两个或两个以上的金属材料焊接在一起的特性。激光光束可由平面光学元件导引,随后再以反射聚焦元件或镜片将光束投射在焊缝上。激光焊接属非接触式焊接,作业过程不需加压,但需使用惰性气体进行保护以防熔池氧化,填料金属偶有使用。

与其他焊接方式相比,激光焊接具有以下特性:

(1) 能量集中,焊接效率高,加工精度高,焊缝深宽比大;

(2) 热输入量小,热影响区小,工件残余应力和变形小;

(3) 非接触式焊接,光纤传输,可达性较好,也可与机器人配合,自动化程度高;

(4) 焊接件装夹灵活,工件夹紧方便;

(5) 焊接能量可精确控制,焊接效果稳定,焊接外观好。

4.3 影响激光焊接效果的因素

影响激光焊接性能的因素包括两个方面:外界因素与钢材自身因素。

1) 外界因素

(1) 工艺因素:焊接前处理方式、类型、方法、厚度、层数。在处理结束到焊接的时间内是否加热,剪切或经过其他的加工方式。

(2) 焊接工艺的设计:焊区、布线、焊接物。

(3) 焊接条件:指焊接温度与时间,预热条件,加热速度,冷却速度,焊接加热的方式,热源的载体的形式(波长,导热速度等)。

(4) 焊接材料:焊剂、焊料、母材、焊膏的黏度、基板的材料。

2) 材料自身因素

钢材焊接性能的好坏主要取决于它的化学组成。而其中影响最大的是碳元素,也就是说金属含碳量的多少决定了它的可焊性高低。钢材中的其他合金元素大部分也不利于焊接,但其影响程度一般都比碳的影响小得多。钢材中含碳量增加,淬硬倾向就增大,塑性则下降,容易产生焊接裂纹。

4.3.1 影响激光焊接的工艺参数

热传导激光焊接的主要工艺参数如表 4-1 所示。

表 4-1　热传导激光焊接主要工艺参数

工艺参数	解　释	案　例
功率密度	采用较高的功率密度,在微秒时间范围内,表层即可加热至熔点,产生气化。因此,高功率密度对于材料去除加工,如打孔、切割、雕刻有利。在较低功率密度条件下,表层温度达到熔点需要经历数毫秒,在表层气化前,底层达到熔点,易形成良好的熔融焊接	在传导型激光焊接中,功率密度的范围在 $10^4 \sim 10^6$ W/cm² 内
激光脉冲波形	激光脉冲波形在激光焊接中是一个重要问题,尤其对于薄片焊接更为重要。当高强度激光束射至材料表面时,金属表面将会有 $60\% \sim 98\%$ 的激光能量反射而损失掉,且反射率随表面温度变化而变化	在一个激光脉冲作用期间内,金属反射率的变化很大
激光脉冲宽度	脉宽是脉冲激光焊接的重要参数之一,它既是区别于材料去除和材料熔化的重要参数,也是决定加工设备造价及体积的关键参数	激光热传导焊接中,激光脉冲宽度与焊缝深度有直接关系,也就是说,脉冲宽度决定了材料熔化的深度和焊缝的宽度
熔深	熔深的大小随脉宽的 1/2 次方增加。如果单纯增加脉冲宽度,只会使焊缝变宽、过熔,引起焊缝附近的金属氧化、变色甚至变形	特殊要求较大熔深时,聚焦镜的焦点应深入材料内部,使焊缝处发生轻微打孔,部分熔化金属有汽化飞溅现象,焊缝深度变大,此时焊缝表面平整度可能稍差
离焦量	对焊接质量的影响。激光焊接通常需要一定的离焦量,因为激光焦点处光斑中心的功率密度过高,容易蒸发成孔。离开激光焦点的各平面上,功率密度分布相对均匀。离焦方式有两种:正离焦与负离焦。以工件表面为准,焦平面深入工件内部的称为负离焦,焦平面在工件之外的称为正离焦	在实际应用中,当要求熔深较大时,采用负离焦;焊接薄材料时,宜用正离焦

深熔激光焊接的主要工艺参数如表 4-2 所示。

表 4-2　深熔激光焊接主要工艺参数

工艺参数	解　释	案　例
激光功率	激光功率的大小是激光焊接技术的首选参数,只有保证了足够的激光功率,才能得到好的焊接效果。激光焊接中存在一个激光能量密度阈值,低于此值,熔深很浅,一旦达到或超过此值,熔深会大幅度提高。只有当工件上的激光功率密度超过阈值(与材料有关),等离子体才会产生,这标志着稳定深熔焊接的进行	激光功率较小时,虽然也能产生小孔效应,但有时焊接效果不好,焊缝内有气孔;激光功率加大时,焊缝内气孔消失,因此适当加大激光功率,可以提高焊接速度和熔深。只有在功率过大时,才会引起材料过分吸收,使小孔内气体喷溅,或焊缝产生疤痕,甚至使工件焊穿
光束焦斑	光束斑点大小是激光焊接的最重要变量之一	决定功率密度
透镜焦距	焊接时通常采用聚焦方式会聚激光	一般选用 $63 \sim 254$ mm 焦距的透镜

工艺参数	解　释	案　例
焦点位置	焊接时,为了保持足够的功率密度,焦点位置至关重要。焦点与工件表面相对位置的变化直接影响焊缝宽度与深度	正离焦和负离焦
焊接速度	对熔深影响较大,提高速度会使熔深变浅,但速度过低又会导致材料过度熔化、工件焊穿	对一定激光功率和一定厚度的某特定材料而言,有一个合适的焊接速度范围,并在其中相应速度值时可获得最大熔深
保护气体	激光焊接过程常使用惰性气体来保护熔池。大多数应用场合常使用氦、氩、氮等气体作保护,使工件在焊接过程中免受氧化。在一些对焊接技术要求严格的场合,如要求焊缝美观、密封、无氧化痕迹,或是焊接易于氧化难于焊接的铝合金材料,在焊接过程中就必须施加保护气体	氮气室上部有透光平板玻璃,允许波长为 1064 nm 的激光光束射入到焊件的焊缝上,氮气室内充满氮气,这样被焊金属零件在加热熔化过程中就不会被氧化,如焊接钢类零件或不锈钢类零件,则得到的焊缝是闪亮的,密封效果也好
材料吸收值	材料对激光的吸收取决于材料的一些重要性能	如吸收率、反射率、热导率、熔化温度、蒸发温度等,其中最重要的是吸收率

4.3.2　影响激光焊接的金属性能

金属材料的性能通常包括物理性能、化学性能、力学性能和工艺性能等。表 4-3 所示的是碳钢焊接性与含碳量的关系。

表 4-3　碳钢焊接性与含碳量的关系

名称	碳的质量分数/(%)	典型硬度	典型用途	焊　接　性
低碳钢	≤0.15	60HRB	特殊板材和型材薄板、带材、焊丝	优
	0.15～0.25	90HRB	结构型钢材、板材、棒材	良
中碳钢	0.25～0.60	25HRC	机器部件与工具	中(需预热、后热,推荐使用低氢焊接方法)
高碳钢	≥0.60	40HRC	弹簧、模具、钢轨	劣(需预热、后热,必须使用低氢焊接方法)

4.4　常见材料激光焊接工艺

4.4.1　常见金属材料的焊接

激光焊接适用于多种材料的焊接。激光的高功率密度及高焊接速度,使得激光焊缝光滑、热影响区很小。掌握好一些变化规律,就可以根据对焊缝组织的不同要求来调整焊缝的化学成分,通过控制焊接条件可以获得最佳的焊缝性能。

1. 不锈钢

奥氏体不锈钢的导热系数只有碳钢的 1/3,吸收率比碳钢的高。因此,奥氏体不锈钢可获得比普通碳钢深一点的焊接熔深。激光焊接热输入量小、焊接速度高,适合于 Ni-Cr 系列不锈钢的焊接。

马氏体不锈钢的焊接性能差,焊接接头通常硬而脆,并有冷裂纹倾向。在焊接碳的质量分数大于 0.1% 的不锈钢时,预热和回火可以降低冷裂纹和脆裂倾向。

铁素体不锈钢,用激光焊接方法通常比用其他焊接方法更容易焊接。

如图 4-6 所示的为激光焊接不锈钢样品。

图 4-6　激光焊接不锈钢样品

2. 碳钢

低碳钢和低合金钢都具有较好的焊接性,但是采用激光焊接时,材料中碳的质量分数不应高于 0.25%。对于碳的质量分数超过 0.3% 的材料,焊接冷裂纹倾向会加大。设计中应考虑到焊缝有一定收缩量,这有利于降低焊缝和热影响区的残余应力和裂纹倾向。

镀锌钢,因为锌的气化温度(903℃)比钢的熔点(1535℃)低得多,在焊接过程中锌蒸发,会使焊缝产生严重的气孔,因此难以采用激光焊接;特别是穿透焊接,实验中采用在上下材料间设置 0.1 mm 的间隙,从间隙中放走锌蒸气,但在实际生产中间隙的操作比较困难。

硫和磷含量对焊接裂纹有一定影响,硫的质量分数高于 0.04% 或磷的质量分数高于 0.04% 的钢材,激光焊接时容易产生裂纹。如图 4-7 所示的为碳钢焊接样品。

图 4-7　激光焊接碳钢样品

3. 铜、铝及其合金

铜对 CO_2 激光的反射率很高,但对 Nd:YAG 激光的反射率则很低,所以用激光焊接紫铜还是有可能的。通过表面处理来提高材料对激光的吸收率。铜的不可焊性是因为其中锌的含量超出了激光焊接允许的范围。

由于铝合金的反射率较高和导热系数很高,铝合金的激光焊接需要相对较高的能量密度。但是,许多铝合金中含有易挥发的元素,如硅、镁等,焊缝中都有很多气孔。而激光焊接纯铝时不存在以上问题。铝合金一般采用高能量,大脉宽,表面去除氧化,氩气充分保护等措施焊接,效果不错。

如图 4-8 所示的为激光焊接铜合金样品。

4. 钛、镍及其合金

钛合金密度小,具有强度高、耐高温、耐腐蚀等优良性质。钛和钛合金很适合激光焊接,可获得高质量、塑性好的焊接接头。但是钛对氧化很敏感,必须在惰性保护气氛中进行焊接。钛及钛合金对热裂纹是不敏感的,但是焊接时会在热影响区出现延迟裂纹,氢是引起这种裂纹的主要原因。

如图 4-9 所示的为激光焊接镍合金样品。

图 4-8　激光焊接铜合金样品　　　　图 4-9　激光焊接镍合金样品

4.4.2　异种金属材料的焊接

1. 异种金属的焊接方法

异种金属的焊接,是指两种或两种以上的不同金属(指其化学成分、金相组织及性能等不同)在一定工艺条件下进行焊接加工的过程。异种金属焊接接头的连接方式可分为直接连接方式和间接连接方式等两种。

2. 黑色白色金属焊接

黑色白色金属焊接,指非合金钢或低合金钢与不锈钢之间的连接,如珠光体钢、铁素体钢与马氏体钢、奥氏体钢激光焊接;奥氏体钢与铁素体钢、奥氏体钢激光焊接。

1) 钢的焊接

碳(或碳当量)是决定珠光体钢在焊接时淬火倾向的主要因素,一般按异种钢中碳含量

(或碳当量)最小的钢来选择焊接材料。

焊接工作于高温的铬钼耐热钢时,为了保证接头的热强性,应选用耐热的焊接材料。焊前是否预热,视异种钢中碳含量(或碳当量)最高的钢及厚度来决定。

2)不同奥氏体钢的焊接

各种奥氏体钢无论如何组合,几乎都可以用各种焊接方法进行焊接。因为具有单相奥氏体组织的钢在任何温度下都不会发生相变,而且这种组织具有良好的塑性和高的韧度。

目前,仍以焊条电弧焊焊接不同奥氏体钢组合的为多,除了焊条电弧焊适应性强外,奥氏体钢焊条的品种多,能满足不同钢材组合的需要。它们主要是奥氏体的耐酸、耐热和热强钢之间组合的焊接。

3)奥氏体钢与铁素体奥氏体钢之间的焊接

在奥氏体异种钢材之间焊接时,对焊接材料的选择首先必须考虑到奥氏体钢焊接时在合金成分与最佳含量略有出入情况下就容易产生裂纹这一重要因素。而焊接材料大致分为两类:第一类属于最常用的奥氏体钢,合金材料中铬高于镍,可以用工艺性最好的铁素体奥氏体焊接材料进行焊接;第二类奥氏体钢,其合金元素含量提高了,合金元素中镍的含量超过了铬的含量,因而就不能再用铁素体奥氏体焊接材料进行焊接了。

3. 异种非铁金属焊接

铝与铜的焊接属于异种非铁金属之间的焊接。铝与铜可以用熔焊、压焊和钎焊等方式进行焊接,其中以压焊应用最多。铝和铜能形成多种由金属间化合物为主的固溶体相,其中有 $AlCu_2$、Al_2Cu_3、$AlCu$ 等。铝铜合金中铜的质量分数在 12% 以下时,综合性能最好。因此,熔焊时应设法控制焊缝金属的铝铜合金中铜的含量不超过这个范围,或者采用铝基合金。

4. 钢与有色金属的焊接

1)钢与铝及其合金的焊接

(1)焊接性。

两者熔点相差大,同时达到熔化很困难;热导率相差 2~3 倍,同一热源很难加热均匀;线膨胀系数相差 1.4~2 倍,在接头界面两侧必然产生热应力,无法通过热处理消除;铝及铝合金表面受热能迅速氧化,给金属熔合造成困难。

(2)焊接工艺。

采用钨极氩弧焊接,在钢表面,镀上一层与铝相匹配的第三种金属作为中间层。

2)钢与铜及其合金的焊接

钢与铜焊接性较好,因为铜与铁不形成脆性化合物,相互间有一定溶解度,晶格类型相同,晶格参数相近。但由于两者熔点、热导率、线膨胀系数等热物理性能差别大,给熔焊工艺带来许多困难。

主要是铜一侧熔合区易产生气孔和母材晶粒长大;由于存在低熔点共晶和较大热应力,故有裂纹倾向;钢一侧熔合铜时经常会发生液态钢向铜晶粒之间渗透导致形成热裂纹的现象。

铜与钢用摩擦焊、扩散焊、爆炸焊等固态焊均能获得优良的焊接接头。

4.4.3 焊接缺陷

1. 焊接缺陷的分类

焊接缺陷是指在焊接过程中产生的不符合国家标准要求的缺陷。

根据 GB/T 6417.1-2005《金属熔化焊接头缺欠分类及说明》将金属缺陷分为裂纹、孔穴、固体夹杂、未熔合和未焊透、形状缺陷等。

2. 焊接缺陷的产生和防止

1）裂纹

根据形态、机理不同,裂纹缺陷可分为热裂纹、再热裂纹、冷裂纹、结晶裂纹、液化裂纹、多边化裂纹及层状撕裂。裂纹缺陷的定义及产生原因、防止措施如表 4-4 所示。

表 4-4　激光焊接裂纹缺陷的定义及产生原因、防止措施

裂纹形式	定　义	产生的原因	防　止　措　施
热裂纹	在低于凝固温度的焊接过程中,焊缝和热影响区金属冷却到固相线附近的高温区产生的焊接裂纹	由被焊金属难以收缩等原因造成的。拉伸应力的存在,引起焊缝的弹—塑性变形。焊缝金属正处在脆性温度区,塑性变形超过了金属的塑性,就形成了裂纹	合理选择焊接工艺参数; 合理安排焊接顺序以降低拉伸应力
再热裂纹	含 Cr(铬)、Mo(钼)、V(钒)、Nb(铌)等沉淀强化元素的钢种在进行消除应力热处理等再加热过程中产生的裂纹	由于应力松弛产生附加变形,同时热影响区的粗晶区析出沉淀硬化相导致回火强化,当塑性不足以适应附加变形时产生的裂纹	其防止措施是通过控制硫、磷含量,调整焊缝成分及强度
结晶裂纹	焊接结晶时,先结晶的部分比较纯,后结晶部分杂质比较多,随着柱状晶的长大,杂质和合金元素被排斥到晶界,结合成低熔相和共晶。这些低熔相和共晶呈液态膜分布,隔绝了晶粒间的联系。而在冷却收缩应力的作用下,脆弱的液态膜无法承受拉应力,形成结晶裂纹	结晶裂纹只存在于焊缝上,一般呈纵向分布于焊缝中心线,或呈弧形分布于中心线两侧。这些裂纹都是沿一次结晶的晶界分布,尤其是柱状晶	采取较小接头温度梯度以使熔池凝固过程承受较低的应力; 接头设计应避免应力集中,减小焊缝附近的刚度; 合理安排焊接顺序以降低焊接应力
冷裂纹	焊接接头冷却到较低温度时产生的裂纹	冷裂纹有沿晶开裂和穿晶开裂	选用具有良好力学性能及较低延迟裂纹敏感性指数的材料; 清除工件坡口和焊丝表面上的铁锈、油污及附着的水分等; 合理选择焊接工艺参数

裂纹形式	定　义	产生的原因	防止措施
层状撕裂	焊接时,在焊接构件中沿钢板轧层形成的呈阶梯状的一种裂纹	产生的原因是夹杂物、热影响区的脆化、Z 向应力的作用	合理选择焊接工艺参数;改变焊缝布置以改变焊缝收缩应力方向,将垂直贯通板改为水平贯通板,变更焊缝位置

2)未焊透和未熔合

未焊透和未熔合的定义、产生原因、防止措施如表 4-5 所示。

表 4-5　未焊透和未熔合的定义、产生原因、防止措施

类别	定　义	产生的原因	防止措施
未焊透	熔焊时,接头根部未完全熔透的现象	坡口角度小、间隙小或钝边过大;双面焊时背面清根不彻底、单面焊时电弧燃烧短或坡口根部未能形成一定尺寸的熔孔	坡口尺寸应适当;选择合理的焊接电流、焊接速度;操作应熟练;单面焊时,间隙≥d(焊条直径),钝边<d/2,操作时控制电弧燃烧时间形成大小均匀的熔池;双面焊时,清根、防止偏吹、保持焊接温度梯度
未熔合	熔焊时,焊道与母材之间或焊道与焊道之间未能完全熔化结合在一起的部分	线能量过小、电弧偏吹、气焊火焰对金属两侧加热不均匀、坡口面或焊缝表面有油、锈等杂质、单面焊时打底电弧引燃时间短	焊条或焊枪的倾斜角度要适当;选用稍大的电流或火焰能率;单面焊时控制打底速度;调整焊条角度,防止偏吹;认真清理坡口面和焊道表面

3)夹渣、气孔

夹渣与气孔的定义、产生原因、防止措施如表 4-6 所示。

表 4-6　夹渣与气孔的定义、产生原因、防止措施

类别	定　义	产生原因	防止措施
夹渣	焊接熔渣残留于焊缝中的现象(立焊或横焊不平易产生)	坡口角度或焊接电流过小;熔渣黏度大或操作不当;引弧或焊接时,焊条药皮成块脱落而未被充分熔化;多层焊接时,层间清渣不彻底;气焊时,火焰性质不适当或送丝不均匀	焊接工艺参数要适宜并按焊接方法操作
气孔	焊接过程中,熔池金属中的气体在金属冷却前未能及时溢出而残留在焊缝金属内部或表面所形成的空穴	焊条或焊剂受潮,或未按要求烘干;焊芯或焊丝生锈或表面有油污,焊接坡口有杂质;焊接工艺参数不当;单面焊时,焊条角度不当、操作不熟练、熄弧时间过长;埋弧焊电弧时,电压过高或网路电压波动	焊接工艺参数要适宜并按焊接方法操作

4)形状缺陷

形状缺陷一般包括咬边、凹坑、焊瘤、弧坑、电弧擦伤、焊缝形状缺陷、冷缩孔等。

3. 焊接缺陷的危害

焊接缺陷的危害如下:

（1）直接影响结构的强度及使用寿命；

（2）引起应力集中；

（3）严重影响结构的疲劳极限。

影响异种钢焊接接头失效的因素有很多，失效的主要原因至今还没有形成统一的认识，各国研究结果归纳如下：

（1）材料之间的热膨胀系数差别太大；

（2）碳迁移在低合金钢一侧热影响区产生脱碳带；

（3）材料之间的蠕变不匹配；

（4）有害元素在热影响区晶界偏析；

（5）铁素体钢热影响区的蠕变脆性和回火脆性；

（6）在铁素体钢一侧靠近焊缝界面产生氧化缺口，减小了有效截面积，造成应力集中；

（7）焊缝缺陷以及再热裂纹；

（8）接头存在残余应力；

（9）启动、停机（加载、卸载）产生的温度、应力循环；

（10）热膨胀装配不合理、振动和自重产生的系统内部应力；

（11）超温、超载。

上述诸多因素中，由于组织、性能的差异而产生的失效是应考虑的主要方面，一些外在因素是值得注意的"后天"因素。

4.5　激光电弧复合焊接

激光电弧复合焊接最早由英国的 W. M. Steen 于 20 世纪 70 年代末提出，在随后的几十年中，德国、日本、美国等国家的研究人员对此种焊接方法进行了卓有成效的研究。激光电弧复合热源将物理性质、能量传输机制截然不同的两种热源复合在一起，同时作用于同一加工位置，既充分发挥了两种热源各自的优势，又互相弥补了各自的不足，从而成为一种全新的、高效的热源。

4.5.1　激光电弧复合焊接的原理及优势

1. 激光电弧复合焊接的原理

TIG 焊（tungsten inert gas welding）称为非熔化极惰性气体钨极保护焊；MIG 焊（metal inert gas welding）称为熔化极惰性气体保护焊，使用熔化电极，以外加气体作为电弧介质，并保护金属熔滴、焊接熔池和焊接区高温金属的电弧焊方法；MAG 焊（metal active gas arc welding）称为熔化极活性气体保护电弧焊。在氩气中，加入少量的氧化性气体（氧气、二氧化碳气体或者氧气＋二氧化碳气体）形成混合气体的气保焊。

复合焊接工艺中，激光和电弧相互作用，取长补短。激光焊接的能量利用率低的重要原因是焊接过程中产生的等离子体云对激光的吸收和散射，且等离子体对激光的吸收与正负离子密度的乘积成正比;如果在激光束附近外加电弧,电子密度显著降低,等离子体云得到稀释,对激光的消耗就会减小,工件对激光的吸收率提高。而且,由于工件对激光的吸收率随温度的升高而增大,电弧对焊接母材接口进行预热,使接口开始被激光照射时的温度升高,也使激光的吸收率进一步提高。这种效果尤其对于激光反射率高、导热系数高的材料更加显著。

在激光焊接时,由于热作用和影响区很小,焊接端面接口容易发生错位和焊接不连续现象;峰值温度高,温度梯度大,焊接后冷却、凝固很快,容易产生裂纹和气孔。而在激光电弧复合焊接时,由于电弧的热作用范围、热影响区较大,可缓和对接口精度的要求,减少错位和焊接不连续现象;而且温度梯度较小,冷却、凝固过程较缓慢,有利于气体的排出,降低内应力,减少或消除气孔和裂纹。由于电弧焊接容易使用添加剂,可以填充间隙,采用激光电弧复合焊接的方法能减少或消除焊缝的凹陷。

相对于单一电弧焊接和激光焊接而言,复合焊接由于电弧具有较大的作用区域,相比于激光焊接具有更好的熔池搭桥能力,降低了对对接精度的要求,避免了咬边、错位。同时焊接速度也有大幅度提高,熔深也可以增加;而相对于单一电弧焊接,其热输入量小,焊接变形及参与应力小,保持了激光焊接的优势,同时复合焊接接头相对激光焊接接头其拉伸、弯曲、疲劳等力学性能相差不大。电弧的热作用范围、热影响区较大,使温度梯度减小,降低冷却速度,相对于激光焊接,使熔池的凝固过程变得缓慢,减少或消除了气孔和裂纹出现的可能,改善焊缝和热影响区的组织性能,使焊接效率提高。

2. 激光电弧复合焊接的优势

1)能量利用率提高,焊接过程稳定性增强

激光焊接时产生的光致等离子体,不仅严重影响焊接过程的稳定性,而且降低能量利用率。等离子体对激光的吸收与正负离子密度的乘积成正比,而复合焊接时,电弧与激光共同作用在焊接位置,电弧的介入可以稀释光致等离子体,使离子密度显著降低,从而降低等离子体对激光能量的吸收、散射和反射作用,增大了激光的穿透能力。电弧对工件的预热作用,提高了工件表面温度,也使吸收率提高。而且,在电弧对激光产生作用的同时,激光对电弧的稳定燃烧也有促进作用,由于激光对电弧的吸引和压缩作用,使弧柱的电阻减小,场强降低,增加了电弧的稳定性;同时电弧在激光束的聚焦和引导的作用下,其效率也有所提高,使熔深进一步增加。在 YAG 激光-MAG 复合焊接时,在一定的工艺条件下,复合焊接速度最高可达激光焊的两倍,是 MAG 焊接的三倍。同时改善熔融金属的浸润性,避免咬边的出现。

2)降低工件装配要求,间隙适应性好

电弧的存在使接头间隙允许范围变宽,即使在间隙宽度超过光斑直径时也可以实现连接,同时也避免了单纯激光焊接时可能存在的咬边或错位。

3)焊接熔深增加

采用复合热源焊接与单独采用激光束焊接时相比,熔深可增大 20%。大量试验结果表明,在同一焊接规范下,复合焊接可以明显增大各单一热源的熔深,在一定的焊接规范参数下,激光与电弧发生协调作用,此时复合焊的熔深甚至要大于各单一热源焊接的熔深之和。这样有利于实现大厚度板的焊接。

4）降低设备成本

采用复合热源焊接可大大降低激光器的功率要求,在较低激光功率下复合一个成本较低的弧焊电源即可获得较大的熔深,同时保留了激光焊接时的优势,这样避免了采用昂贵的大功率激光器,从而使设备成本大幅下降。激光-MIG 复合焊接与单一 MIG 焊接和激光焊接的优势对比如表 4-7 所示。

表 4-7　激光复合焊的优点

与激光焊相比	与 MIG 相比
焊接速度提高	焊接速度更高
熔深和熔宽更大	熔深更大
焊接过程更稳定	热输入低
能量利用率更高	焊缝窄
投资成本更高	热影响区窄
焊接适应性更好	焊接变形小
熔覆效率更高	
对工件装配要求更低	

4.5.2　激光电弧复合焊接的种类与方式

根据辅助电弧与激光光束轴向的不同,复合焊接接头的布置方式有旁轴式与同轴式两种。旁轴式装置简单,能轻易实现,而且参数调节方便,但由于电弧与激光光束之间有一定夹角,使得复合热源在工件上的作用区域为非对称分布,当焊接电流增大到一定程度时,激光与电弧的作用点严重分离,影响焊接过程稳定性。同时,采用旁轴式时,激光光束要穿过电弧区域才能到达工件表面,当焊接电流较大时,电弧对激光光束的屏蔽严重。而采用同轴式时,避免了这些问题,熔深的增加效果优于旁轴式;但同轴式复合装置的设计及实现比较困难,工艺也比较复杂,同时影响电弧的热效率,而且无法用于与 MIG 电弧的复合。

复合热源中的激光光束常用的有 Nd:YAG 和 CO_2 激光。Nd:YAG 激光可通过光纤传输,配合机械手,工作柔性比较好,但复合的功率比较小。CO_2 激光能实现大功率的复合,可用于大厚度材料的复合焊接,其缺点是工作的柔性差。目前的研究中,采用 Nd:YAG 激光与电弧的复合居多,但随着激光技术的发展,万瓦级的大功率 CO_2 激光与电弧的复合焊接将成为可能。根据辅助热源的不同,又可分为以下几种方式。

1）激光-TIG 复合焊接(惰性气体钨极保护焊)

图 4-10(a)为双光束与 TIG 电弧同轴复合焊接原理图。

激光与 TIG 复合焊接的特点如下:

(1)利用电弧增强激光的作用,可用小功率激光器代替大功率激光器焊接金属材料;

(2)可高速焊接薄件;

(3)可改善焊缝成形,获得优质焊接接头。

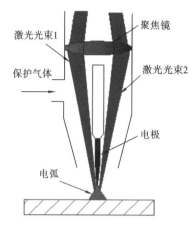
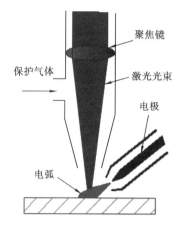

（a）双光束与TIG电弧同轴式复合焊接原理图　　（b）激光-电弧旁轴式复合焊接原理图

图 4-10　激光复合焊接原理图

2）激光-MIG/MAG 复合焊接

图 4-10（b）为激光-电弧旁轴式复合焊接原理图，激光-电弧旁轴式复合焊接利用了填丝的优点，增加了焊接适应性，但这种方式受电弧与激光作用位置的影响，与激光-TIG 复合焊接相比，其焊接板材厚度尺寸更大，提高了间隙搭桥能力，降低了单一激光焊接时坡口准备的精度要求，同时电弧能量的输入降低了冷却速度，减小了冷裂倾向。熔融金属的加入可以改善单一激光焊接时焊缝的化学成分及微观组织，降低了热裂倾向，提高了焊缝的综合力学性能，激光前置可以使起弧容易，并且在合适的规范下可以改变熔滴的过渡方式，使得焊接过程更加稳定，减少了单一 MIG/MAG 焊接时的飞溅量以及焊后处理的工作量。

3）激光-等离子体复合焊接

激光-等离子体复合焊接的基本原理与激光-TIG 复合焊接相近。但在激光-TIG 复合焊接时，由于反复高频引弧，起弧过程中电弧的稳定性相对较差，电弧的方向性和刚性也不理想，钨极端头处于高温金属蒸气中，容易受到污染，从而影响电弧的稳定性。而激光-等离子体弧的提出，成功地解决了以上难题。激光-等离子体复合焊接有很多优点，包括刚性好、温度高、方向性强、电弧引燃性好，这种方法在薄板对接、铝合金焊接等方面都有研究，采用复合焊接时可以增大熔深，提高焊接速度，避免气孔、咬边等焊接缺陷的出现。

4）激光-双电弧复合焊接

这种焊接方法将激光与两个 MIG 电弧同时复合在一起，每个焊炬都可相对另一个焊炬和激光光束位置任意调整，两个焊炬采用独立的电源和送丝机构。

复习思考题

1. 简述激光焊接的特点。
2. 简述常见金属焊接工艺。
3. 影响激光焊接性能的因素有哪些？
4. 常见的激光焊接缺陷有哪些？

5

激光切割技术

5.1　激光切割技术概述

激光切割作为一种精密的加工方法,几乎可以切割所有的材料,包括薄金属板的二维切割或三维切割。激光切割技术可用于不锈钢、碳钢、铝、铜等金属材料的切割,并在钣金切割、五金加工、家电制造、汽车制造等领域应用广泛。在汽车制造领域,激光切割主要用于形状复杂的车身薄板及各种曲面工件的切割;在航空航天领域,激光切割主要用于特种航空材料的切割,如钛合金、铝合金、镍合金、铬合金、不锈钢、复合材料、陶瓷及石英等。激光切割成形技术在非金属材料领域也有着较为广泛的应用,不仅可以切割硬度高、脆性大的材料,如氮化硅、陶瓷、石英等;还能切割加工柔性材料,如布料、纸张、塑料板、橡胶等。如果用激光进行服装剪裁,可节约衣料 $10\%\sim12\%$,提高功效 2 倍以上。激光切割优点是切缝窄、工件变形小、无接触、污染小。

激光切割是用聚焦镜将激光光束聚焦在材料表面,使材料熔化,同时用与激光同轴的压缩气体吹走被熔化的材料,并使激光光束与材料沿一定的轨迹作相对运动,从而形成一定形状的切缝。激光切割技术广泛应用于金属和非金属材料的加工中,可大大减少加工时间,降低加工成本,提高工件质量。利用聚焦后的激光光束作为主要热源的热切割方法,高亮度的光速经透镜聚集后,能在焦点产生数千度乃至上万度的高温。激光切割原理如图 5-1 所示。激光切割设备及样品如图 5-2 与图 5-3 所示。

激光切割与传统的气燃体切割、等离子切割、模冲、锯切、线切割、水切割、电火花切割对比如表 5-1 所示。

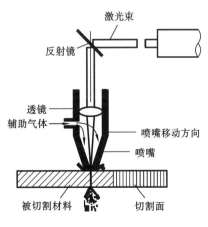

图 5-1　激光切割原理图

（a）钣金激光切割机　　　　　　　　　　（b）布料激光切割机

图 5-2　激光切割设备

（a）二维钣金激光切割　　　　　　　　　（b）三维机器人激光切割

（c）紫外激光切割绒布　　　　　　　　　（d）皮秒激光切割铜片

图 5-3　激光切割样品

　　由表 5-1 可见，激光切割与其他的加工方法比较，在整体上存在明显的优势。不论是从精度、速度，还是费用上，激光加工的优势都很明显。而且激光加工图形变更上也比其他加工方式容易得多。因此，激光加工是现代工业生产商不可缺少的必备加工方式。

　　激光切割与其他热切割方法相比较，总的特点是切割速度快、质量高。具体概括为如下几个方面。

表 5-1　激光切割优势

切割工艺	激光切割	气燃体切割	等离子切割	模冲	锯切	线切割	水切割	电火花切割
切缝	很小	很大	较大	较小	较大	较小	较大	很小
变形	很小	严重	较大	较大	较小	很小	小	很小
精度	高	低	低	低	低	高	高	高
图形变更	很容易	较容易	较容易	难	难	容易	容易	容易
速度	较高	低	较高	高	很慢	很慢	较高	很慢
费用	较低	较低	较低	低	较低	较高	很高	很高

（1）切割质量好：由于激光光斑小、能量密度高、切割速度快，因此激光切割能够获得较好的切割质量。

① 激光切割切口细窄，切缝两边平行并且与表面垂直，切割零件的尺寸精度可达 ± 0.05 mm。

② 切割表面光洁美观，粗糙度只有几十微米，激光切割甚至可以作为零件加工的最后一道工序，无需再次进行机械加工，零部件可直接使用。

③ 材料经过激光切割后，热影响区宽度很小，切缝附近材料的性能也几乎不受影响，并且工件变形小，切割精度高，切缝的几何形状好。

（2）切割效率高：由于激光的传输特性，激光切割机上一般配有多台数控工作台，整个切割过程可以全部实现数控。既可进行二维切割，又可实现三维切割。

（3）切割速度快：用功率为 2000 W 的激光切割 4 mm 厚的低碳钢板，切割速度可达 800 cm/min。材料在激光切割时不需要装夹固定，既可节省工装夹具，又节省了上、下料的辅助时间。

（4）非接触式切割：激光切割时割炬与工件无接触，不存在工具的磨损。加工不同形状的零件，不需要更换"刀具"，只需改变激光器的输出参数。激光切割过程噪声低，振动小，无污染。

（5）切割材料的种类多：与氧乙炔切割和等离子切割比较，激光切割材料的种类多，包括金属、非金属、金属基和非金属基复合材料、皮革、木材及纤维等。但是对于不同的材料，由于自身的热物理性能及对激光的吸收率不同，表现出不同的激光切割适应性。

（6）缺点：激光切割由于受激光器功率和设备体积的限制，激光切割只能切割中、小厚度的板材和管材，而且随着工件厚度的增加，切割速度明显下降。激光切割设备费用高，一次性投资大。

5.2　常用激光切割功能介绍

5.2.1　激光切割的原理与分类

不同的材料，切割方法不一样，主要分为熔化切割、氧化切割、气化切割、导向断裂切割，如表 5-2 所示。

表 5-2　激光切割原理分类

序号	切 割 方 法	对应切割材料
1	熔化切割	不锈钢、铝
2	氧化切割	碳钢
3	气化切割	木材、碳素材料和某些塑料
4	控制断裂切割	陶瓷

1. 熔化切割

在激光熔化切割中,工件材料在激光光束的照射下局部熔化,熔化的液态材料被气体吹走,形成切缝,切割仅在液态下进行,故称为熔化切割。切割时在与激光同轴的方向供给高纯度的不活泼气体,辅助气体仅将熔化金属吹出切缝,不与金属发生反应。这种切割方法的激光功率密度在 10^7 W/cm² 左右。激光光束配上高纯惰性切割气体促使熔化的材料离开割缝,而气体本身不参与切割。

最大切割速度随着激光功率的增加而增加,随着板材厚度的增加和材料熔化温度的增加而几乎反比例地减小。在激光功率一定的情况下,限制因素就是割缝处的气压和材料的热传导率。

这种切割主要应用于不能与氧气发生放热反应的材料,如铝等。

2. 氧化切割

与熔化切割不同,激光氧化切割使用活泼的氧气作为辅助气体。由于氧与已经炽热了的金属材料发生化学反应,释放出大量的热,结果使材料进一步被加热。

材料表面在激光光束照射下很快被加热到燃点温度,与氧气发生激烈的燃烧反应,放出大量热量,在此热量作用下,材料内部形成充满蒸汽的小孔,而小孔周围被熔化的加工材料所包围。

燃烧物质转移成熔渣,控制氧和加工材料的燃烧速度,氧气流速越高,燃烧化学反应和去除熔渣的速度也越快。如果氧气速度过快,将导致割缝出口处的反应产物即金属氧化物的快速冷却,对切割质量造成不利影响。

切割过程存在两个热源:激光光束照射能和化学反应所产生的热能。据估计,切割碳钢时,氧化反应所产生的热能占切割所需能量的 60%。在氧化切割过程中,如果氧化燃烧的速度高于激光束移动的速度,割缝将变宽且粗糙,反之,如果移动速度慢,则割缝窄而光滑。

3. 气化切割

激光光束焦点处功率密度非常高,可达 10^8 W/cm² 以上,激光光能转换成热能,保持在极小的范围内,材料很快被加热至气化温度,部分材料气化为蒸气逸去,部分材料被辅助气体吹走,随着激光束与材料之间的连续不断的相对运动,便形成宽度很窄(如 0.2 mm)的割缝。一些不能熔化的材料如木材、碳素材料和某些塑料即通过这种方法进行切割。

在激光气化切割中,最优光束聚焦取决于材料厚度和光束质量。激光功率和气化热能对最优焦点位置是有一定的影响。在板材厚度一定的情况下,最大切割速度反比于材料的气化温度。所需的激光功率密度要大于 10^8 W/cm^2，并且取决于材料、切割深度和光束焦点位置。在板材厚度一定的情况下，假设有足够的激光功率，最大切割速度受到气体射流速度的限制。

4. 控制断裂切割

对于容易受热破坏的脆性材料，通过激光束加热进行高速、可控的切断，称为控制断裂切割。这种切割过程主要内容是：激光束加热脆性材料小块区域，引起该区域大的热梯度和严重的机械变形，导致材料形成裂缝。只要保持均衡的加热梯度，激光束可引导裂缝在任何需要的方向产生。

一般的材料可用氧化切割完成，如果要求表面无氧化，则须选择熔化切割，气化切割一般用于对尺寸精度和表面光洁度要求很高的情况，故其速度也最低。另外，切割的形状也影响切割方法，在加工精细的工件和尖锐的角时，氧化切割可能是危险的，因为过热会使细小部位烧损。

5.2.2　连续切割与脉冲切割

（1）连续切割法（continuous wave，也称为 CW），是使振荡输出连续地发生从而进行切割的方法。在切割低碳钢时，这是切割速度最高的方法。

（2）脉冲切割法是使振荡输出间断地发生从而进行切割的方法。通过将投入材料的热量降到最低限，能够进行切割质量以及尺寸精度良好的加工。进行脉冲切割时，要设定脉冲频率和脉冲占空比。所谓脉冲频率，是指在 1 s 内使激光光束 ON（开）、OFF（关）几次，用 Hz（赫兹）表示。所谓脉冲占空比，是指每 1 脉冲（1 回输出的 ON 和 OFF）的激光光束震荡时间的比率，用％（百分比）表示。

（3）连续切割的优势在于切割速度，但切割质量不太好（由于对被切割材料连续的热量输入变成过度的热量输入，影响切割质量、尺寸精度）；而脉冲切割质量好，但速度上要比连续切割慢。选择切割方式的操作，一般是做程序时会选择，也可以通过改变激光设备参数来选择。

连续激光切割大多采用中大功率 CO_2 气体激光进行切割，随着固体半导体激光和光纤激光技术的发展，目前固体半导体激光和光纤激光也能用于连续切割。脉冲切割有两种方式：一种是平均功率不高，但峰值功率很高；另一种是通过斩波方式得到准连续激光，降低热积累。激光脉冲模式的应用及示例如表 5-3 所示。

表 5-3　激光脉冲模式的应用及示例

模　　式	应　　用	说　　明
连续模式	低压切割 高压切割 普通切割	碳钢用氧气等活性气体 铝、不锈钢用氮气等作为保护气体
门脉冲	穿孔 细小轮廓	轮廓上的小孔 小孔直径为材料厚度的一半
超脉冲	穿孔、高反材料	碳钢用氧气等活性气体 铜用氮气等作为保护气体

5.2.3 激光切管介绍

激光切管机可对圆形管、方管、矩形管、腰圆管、椭圆管等进行高速、高质量的激光切割。其切割断面无毛刺、无挂渣,切割图形多样化,可实现任意图形的切割。

HP6018D 激光切管机具备强大的切割能力、超高稳定性、高质量的加工、全自动上下料系统、极低的运行成本以及超高的适应能力。激光切管机采用简易龙门结构形式,电动机齿轮齿条驱动,传动部件如变速箱、导轨和齿轮齿条均采用国外知名品牌,具有结构稳定、刚性好、重量轻、动态响应高的特点,其最高定位速度达 80 m/min。控制方面使用世界顶级的德国倍福与一流的高功率激光器配套,使其成为集高稳定性、高精度、高性能于一体的先进的数控激光切管机,如图 5-4 所示。

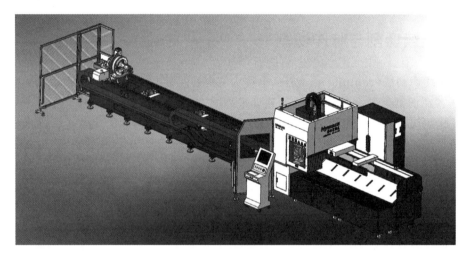

图 5-4 激光切管机

激光切管机适用的行业包括汽车、机车、电器、液压、纺织、医疗、装饰、家具等,其优点如下:

(1) 可选配全自动上、下料;

(2) 智能系统,高度集成,真正柔性化加工;

(3) 整机高度集成,具有良好的系统性能及高寿命;

(4) 高度自动化,抗干扰能力强,动态响应速度快;

(5) 集中式操作,柔性化加工,自动上、下料,装夹方便、快捷;

(6) 维护及保养简便,基本免维护;

(7) 切割精度高,运行成本低,满足 24 小时工业生产需要。

激光切管样品如图 5-5 所示。

5.2.4 激光切割设备的基本结构

1) 主要系统

(1) 激光切割设备由激光光源、光传输系统、激光切割头、数控系统、激光切割控制系统、

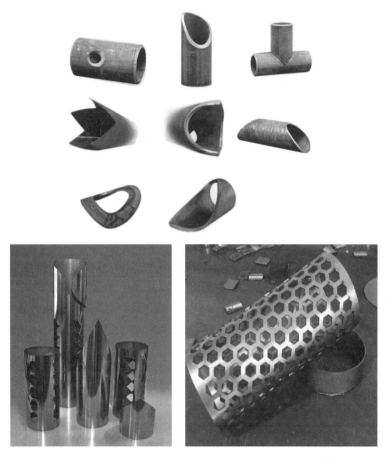

图 5-5　激光切管样品

编程系统、气路系统、高度调节系统等组成,如图 5-6 所示。

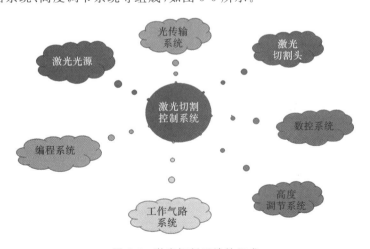

图 5-6　激光切割系统的组成

(2)激光切割机床主机部分:用于安放被切割工件,并能按照控制程序正确的移动,通常由伺服电动机驱动。

（3）激光发生器：产生激光光源的装置。

（4）外光路：折射反射镜，用于将激光导向所需要的方向。反射镜都要用保护罩加以保护，并通入洁净的正压保护气体以保护镜片不受污染。

（5）数控系统：控制机床实现 X、Y、Z 轴的运动，同时也控制激光器的输出功率。

（6）操作台：用于控制整个切割装置的工作过程。

（7）激光切割头：主要包括腔体、聚焦透镜座、聚焦镜、电容式传感器、喷嘴等部件。切割头驱动装置用于按照程序驱动切割头沿 Z 轴方向运动，由伺服电动机和丝杆或齿轮等传动件组成。

2）辅助系统

（1）空压机、储气罐：提供和存储压缩空气。

（2）空气冷却干燥机、过滤器：用于向激光发生器和光束通路供给洁净的干燥空气，以保持通路和反射镜的正常工作。

（3）抽风除尘机：抽出加工时产生的烟尘和粉尘，并进行过滤处理，使废气排放符合环境保护标准。

（4）稳压电源连接在激光器、数控机床与电力供应系统之间，起防止外电网干扰的作用，而且稳压电源适应感性、容性、阻性各种负载，可长期连续工作。

表 5-4 为激光切割管设备配置。

表 5-4 激光切割管设备配置

序号	分项名称	配置
1	床身（X 轴齿轮齿条传动）	直线导轨 齿条 减速机
	横梁（Y 轴滚珠丝杆传动）	
	Z 轴箱（Z 轴滚珠丝杆传动）	
	主轴箱（A 轴齿轮传动）	
2	自动上料系统	人工上料
3	卡盘最大夹持管径	外接圆直径≤Φ180 mm
4	卡盘	标准卡盘
5	激光切割头	德国 Precitec Lightcutter
6	高度跟踪传感器	德国 Precitec
7	CNC 数控系统、伺服电机与驱动	德国 Beckhoff
8	操作系统	WINDOWS7.0
	操作软件	激光切管机操作系统
	工控机、控制柜、操作台等	全铝低功耗、高性能工控机
	编程套料软件	英国 RADAN
9	激光发生器	IPG YLR-1000 IPG YLS-2000 其他
10	其他	冷水机组、稳压电源、抽风系统、配气系统

5.3　影响激光切割效果的因素

与激光切割紧密相关的因素有激光模式、激光功率、焦点位置，喷嘴高度、直径，辅助气体种类、纯度、流量、压力，切割速度，板材材质、质量等；与激光切割相关的各工艺参数如图5-7与表5-5所示。

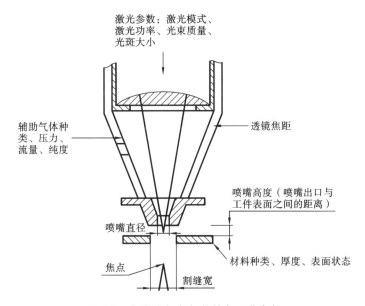

图 5-7　与激光切割相关的各工艺参数

表 5-5　激光切割工艺参数

激光切割工艺参数	注　　解	说　　明
激光模式	激光器的模式对切割影响很大，切割时要求到达钢板表面的模式较好。这与激光器本身的模式和外光路镜片的质量有直接的关系	激光光束横截面上光强的分布情况称为激光横向模式。一般笼统地把横向模式当作激光模式。用符号 TEMmn 表示各种横向模式。TEM 表示横向电磁波，m、n 均为正整数，分别表示在 X 轴和 Y 轴方向上光强为零的那些点的序数，称为模式序数
激光功率	影响能够切割的板材厚度；影响加工效率及变形量	大功率光纤激光切割有 2000 W、2500 W、4000 W 等功率
切割速度	需要与功率、气体流量等匹配	过小会导致切不透或毛刺的形成
气体	气体的纯度影响毛刺形成及切割面氧化情况	激光切割可以使用的辅助气体主要有氧气、氮气、空气以及氩气这几种
喷嘴	喷嘴形状、喷嘴孔径、喷嘴高度（喷嘴出口与工件表面之间的距离）等，均会影响切割的效果	小直径，适合薄板切割；大直径，适合厚板切割

续表

激光切割工艺参数	注　解	说　明
焦点位置	焦点位置是一个关键参数，应正确调节焦点位置	焦点直径小，切口窄，切割厚度小；焦点直径大，切口宽，切割厚度大

面对广泛的加工材料、灵活的加工形状，激光切割设备能较好地胜任复杂的加工要求，以高速度、高精度、高质量满足汽车、航空、电气和电子、纺织品等行业的应用需求。对激光切割效果的判断主要可从以下几方面进行衡量。

（1）粗糙度：切割边缘或多或少存在切割留下的纹路，纹路的深浅决定了切割表面的粗糙度。纹路越浅，说明粗糙度越低，表面越光滑。材料越薄，切割表面粗糙度越低；采用氮气或氩气切割比氧气切割表面粗糙度要低。

（2）垂直度：由于切割光束是通过聚焦而来的，且光束存在发散的特性，导致在切割时（尤其是厚板切割时）材料厚度方向不同深度处的光斑大小不一，从而造成了切割表面与板材表面不能达到绝对的垂直，或是上表面较宽或是下表面较宽。材料越薄，垂直度越好；光束质量越好，垂直度越好。此外，垂直度也与具体加工时光斑焦点与材料厚度方向的相对位置有关。

（3）毛刺：优异的切割，切割边缘应无毛刺。这与激光切割过程的工艺参数匹配、材料类型以及光束质量有关。

（4）变形量：由于激光切割本质是热切割，板材不可避免存在变形，优异的切割应尽可能减小由此带来的不利影响。切割速度越快、割缝越窄、气体流量越大，变形量越小。

5.4　常见材料激光切割工艺

1. 金属材料激光切割工艺

表 5-6 所示为金属材料的激光切割工艺。

表 5-6　金属材料的激光切割工艺

金属材料	注　解	实　例
碳钢	激光切割机可以切割碳钢板的最大厚度可达 20 mm，利用氧化熔化切割机制切割碳钢的切缝可控制在满意的宽度范围，薄板的最小切缝仅为 0.1 mm 左右。当用氧气作为加工气体时，切割边缘会轻微氧化	2000 W 的光纤激光可以切割 1～12 mm 厚的碳钢；该材料用氧气切割时会得到较好的结果
不锈钢	使用氮气可以得到无氧化、无毛刺的边缘，不需要再作处理。在严格控制激光切割过程中的热输入措施下，可以使切边热影响区变得很小，从而很有效地保持此类材料的耐腐蚀性	对于不锈钢，激光切割对利用不锈钢薄板作为主构件的制造业来说是个有效的加工工具

金属材料	注　解	实　例
铝及其合金	铝可以用氧切割或高压氮切割： 当用氧气切割时，切割表面粗糙而坚硬。只产生一点火焰，但却难以消除； 用氮气切割时，切割表面平滑。当加工厚度小于3 mm的板材时，通过最优调整后可以得到事实上无毛刺的切口。对于更厚的板材，会产生难以去除的毛刺	适宜用连续模式切割。厚度在6 mm以下的铝材切割效果取决于合金类型、激光器及工艺参数。铝切割属于熔化激光切割机制，所用辅助气体主要用于从切割区吹走熔融产物，通常可获得较好的切面质量
钛及其合金	纯钛能很好地耦合聚焦激光光束转化的热能，辅助气体采用氧气时化学反应激烈，切割速度较快，但易在切边生成氧化层，不小心还会引起过烧。为稳妥起见，采用空气作为辅助气体比较好，以确保切割质量	飞机制造业常用的钛合金激光切割质量较好，虽然切缝底部会有少许黏渣，但很容易清理
镍及其合金	超级合金，品种很多	其中大多数都可实施氧化熔化切割
铜及其合金	纯铜（紫铜）由于太高的反射率，基本上不能用 CO_2 激光光束切割	使用较高激光功率，辅助气体采用空气或氧，可以对较薄的黄铜（铜合金）板材进行切割

如图5-8所示为常见金属激光切割样品。

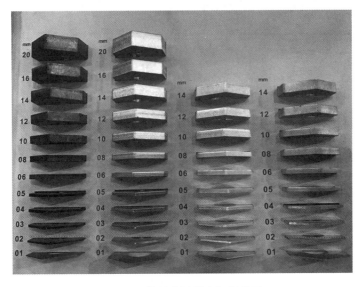

图5-8　常见金属激光切割样品

如图5-9所示为碳钢切割样品。使用氧气，8000 W光纤激光，从左至右切割速度分别是2.3 m/min、2 m/min、1.6 m/min、0.68 m/min与0.62 m/min。

如图5-10所示为不锈钢切割样品。使用氮气，8000 W光纤激光，从左至右切割速度分别是20 m/min、18 m/min、12 m/min、10 m/min与8 m/min。

图 5-9   激光切割碳钢样品

图 5-10   激光切割不锈钢样品

如图 5-11 所示为铜切割样品,使用氮气,650 W 固体激光,切割速度为 8 m/min。

图 5-11   激光切割铜样品

2. 非金属材料激光切割工艺

非金属材料激光切割可以用于胶合板、皮革、木板、纸张等材料的切割,表 5-7 所示是非金属材料的激光切割工艺,图 5-12 至图 5-14 所示是激光切割非金属样品。

表 5-7   非金属材料的激光切割工艺

非金属材料	切割类型	案　　例
皮革、木板、纸张等材料	CO_2 激光切割	80 W 的 CO_2 激光可以切割薄木板等材料
绒布、覆盖膜等材料	紫外激光切割	10 W 的紫外激光切割硬纸、绒布、覆盖膜等材料
有机玻璃等高硬度的脆性材料	皮秒激光切割	40 W 的皮秒激光可以切割玻璃、陶瓷等材料。通常连续输出方式适用于玻璃、有机玻璃等非晶态非金属材料,脉冲输出方式则多适用于高硬脆无机非金属材料等多晶或单晶材料,此外,厚度、密度等无疑也是需要考虑的重要影响因素

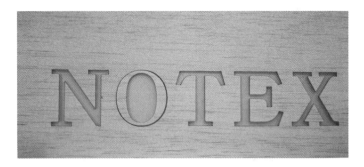

图 5-12 激光切割木板样品

图 5-13 激光切割绒布样品

3. 激光缺陷

1）缺陷分析

激光切割缺陷分析如表 5-8 所示。

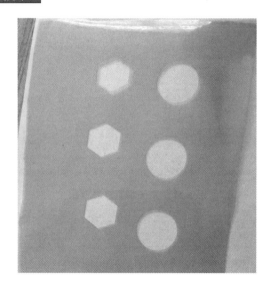

图 5-14 激光切割覆盖膜样品

表 5-8 激光切割缺陷分析

问题	因素	分 析
切割工艺	影响切割质量的因素	光束质量:光束波长、模式、功率密度、发散角、偏振态等
		工艺参数:速度、功率、气压、切割高度、焦点、喷嘴大小及圆度
		外部条件:气体纯度、板材质量等
	功率因素	功率设定过小,会造成无法切割
		功率设定过大,切面会熔化,切缝过大,得不到良好的切割质量
		功率设定不足,会产生切割熔渍,断面上会产生瘤疤
	速度因素	速度太快,会造成无法切割,火花四溅、部分区域能切断,部分区域切不断;切割断面较粗,但无熔渍产生
		速度太慢,会造成板材过熔,切割断面较粗糙;切缝会变宽;切割效率低,影响生产能力
		一般切割火花是由上往下扩散的。火花若倾斜,则进给速度太快;若火花呈现不扩散且少,凝聚在一起,则说明进给速度太慢。适当的切割速度使切割面呈现较平稳的线条,且下半部分无熔渍产生
	喷嘴因素	若喷嘴中心与激光中心不同轴:当切割气体在吹出时,造成出气量不均匀,使切割断面较容易出现一边有熔渍,另一边没有的现象;在切割有尖角或者角度较小的工件时,容易产生局部过熔现象,切割厚板时,可能无法切割;对穿孔有影响,造成穿孔的不稳定,时间不易控制,对厚板的穿透会造成过熔的情况,且穿透条件不易掌握。喷嘴中心与激光同心度是造成切割质量优劣的重要因素之一,尤其是切割的工件越厚时,它的影响就越大
		喷嘴发生变形或者喷嘴上有熔渍时,其对切割质量的影响如上面所述的一样
		喷嘴的质量在制造时就有较高的精度要求,安装时也要求方法正确

问题	因素	分　析
碳钢切割常见现象及处理	对侧切割质量差	可能是透镜中心不正、喷嘴孔被堵或不圆、光路不正等造成的
		可以通过检查透镜中心、检查喷嘴状态、检查光路,重新打靶来调整
	开始的时候切缝宽	可能是引入长度或引入方式不对、线型不对、穿孔时间太长、切割时热量太多造成的
		可以通过检查引入方式和引入长度、检查线型、检查穿孔时间、减少占空比等来调整
	整个轮廓切缝都宽	可能是压力过大、焦点太高、功率太高、材料不好等造成的
		可以通过减小压力、减小功率、检查透镜的焦点来调整
	下表面有焊斑	可能是功率低、速度高、压力低、焦点偏离太大等造成的
		可以通过增加功率、降低速度、增加压力、检查离焦量来调整
	小毛刺和下切纹有角度	可能是速度太高、功率低、压力太低等造成的
		可以通过降低速度、增加占空比、增加功率、增加气压来调整
	打孔开始时和过程中爆孔	可能是因为占空比太高、打孔功率太大、气压太大、焦点不对、打孔方式不对等原因造成的
		可以通过降低功率、降低占空比、降低气压、改变焦点、检查打孔方式等来调整
	打孔结束切割前爆孔	可能是打孔不足造成的
		可以通过增加打孔时间、增加打孔功率、增加占空比、增加气压来调整
不锈钢切割常见现象及处理	切不断	可能是速度太高、焦点不对、功率太小等原因造成的
		可以通过降低速度、提高功率、检查焦点来调整
	对边有毛刺	可能是同轴不好、喷嘴不圆、光路不好、激光器模式太差等造成的
		可以通过检查同轴、检查喷嘴、检查光路、检查激光器模式来调整
	有黑边毛刺	可能是焦点太低造成的
		可以通过提高焦点来调整
	有光亮的长渣	可能是氮气的气压太低造成的
		可以通过增加氮气气压来调整
	四周挂黑渣	可能是焦点太高造成的
		可以通过降低焦点来调整
	有抢切	可能是切割速度太高造成的
		可以通过降低切割速度来调整
	有毛边	可能是焦点太低造成的
		可以通过提高焦点来调整
	切割边呈黄色	可能是氮气不纯或气管里有氧气、空气造成的
		可以通过检查氮气纯度、增加切割开始延时、检查气路等来调整

2）典型缺陷

典型碳钢切割缺陷样品介绍如下。

（1）没有切割透，大多情况是氧气压力不足，或者是切割速度过快引起的。如图 5-15 所示为激光切割不透样品。

（2）碳钢挂渣的因素比较多，如焦点不对、气压太低、喷嘴太小等，图 5-16 所示为激光切割挂渣样品。

图 5-15　激光切割不透样品

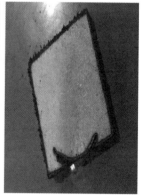

图 5-16　激光切割挂渣样品

（3）碳钢断面粗糙，切碳钢时气压太大会导致切缝变宽，而且切割面不平。切碳钢时如果速度太快了会导致切不透，或者是切割面的纹路有点弧形，图 5-17 所示。

图 5-17　激光切割粗糙样品

4. 激光切割系统评价

激光切割系统的评价指标及标准如下。

（1）切割效率：切割速率、切割图形的排版效率、切割路径。

（2）切割质量：割缝宽度与平行度、割缝精度、切割工艺稳定性、切割尖角等。

（3）切割图形、工艺数据库。

（4）设备的工作稳定性：长时间工作状态下依然能保证工件的加工精度高、废品率低等。

复习思考题

1. 什么是激光切割？激光切割有哪些特点？
2. 激光切割如何分类？机理如何？
3. 激光切割系统如何构成？
4. 影响激光切割的工艺参数有哪些？变化规律如何？
5. 目前激光切割的水平如何？发展趋势如何？

6

激光熔覆技术

激光熔覆技术可以在保持材料或制品原性能的前提下,赋予其表面更优异(如硬度、耐磨性、耐蚀性等)或新的性能(如亲水性、生物相容性、抗静电性能、染色性能等)。激光熔覆技术的应用范围很广,技术种类也较多。随着材料科学的发展,新技术、新工艺的研究和应用效果显著,促进了激光熔覆技术的研究向深度和广度发展。本章主要介绍激光熔覆技术的相关知识。

6.1　激光熔覆技术概述

随着科技水平的不断进步和人民生活水平的日益提高,各类产品及材料对表面的性能及外观要求也越来越高,激光熔覆技术作为一种高新表面处理技术,具有清洁环保、高效、无噪声等优点,可以显著地提高材料表面的硬度、强度、耐磨性、耐蚀性和耐高温性能等,从而大大提高产品的质量,成倍地延长产品使用寿命和降低成本,取得巨大的经济效益。

6.1.1　激光熔覆技术原理与特点

激光熔覆也被称为激光包覆或激光熔敷,是一种全新的表面改性技术。它通过在基材表面添加熔覆材料,并利用高能密度的激光束使之与基材表面薄层一起熔凝的方法,在基材表面形成与熔覆材料为冶金结合的添料熔覆层。

1. 激光熔覆技术的原理

激光熔覆技术,是利用高能激光束将基体表面与熔覆材料同时熔化或产生化学反应,冷却后,在基体材料表面形成添材涂层或添材化合物涂层,从而显著改善基体表面的耐磨、耐蚀、耐热、抗氧化、电气特性等性能的技术。该技术可实现修复的目的,一方面满足了基体在后继使用环境中对其表面的特定性能要求,另一方面又可以大量节省贵重元素,降低生产成本。

就其本质而言,激光熔覆技术就是利用激光为供热源,以基体本身不发生损耗为前提,使基体表面激光辐照区域受热,出现升温或熔化,同时在此区域内,通过输送方式送达预置的固体、气体或液体材料(即熔覆材料),也受热出现升温或熔化,出现熔融液物理互溶,或产生有电子迁移的化学反应等现象,最终在基体表面形成具有特殊性能的互溶涂层或者化合物涂层,如图 6-1

所示。

　　激光熔覆技术涉及物理、化学、冶金、材料科学、机械自动化控制等多个领域,可以显著且有效地提高基体表面的耐磨、耐蚀、耐热、电化学等性能,有效节约贵重金属,被国内外广泛关注。

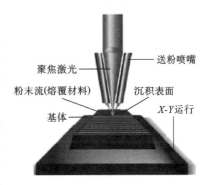

图 6-1　激光熔覆的原理示意图

　　激光熔覆技术是激光表面改性技术的一个分支,是20世纪70年代随着大功率激光器的发展而兴起的一种新的表面改性技术,它的激光功率密度的分布区间为$10^4 \sim 10^6$ W/cm²,介于激光淬火和激光合金化之间。激光熔覆是在激光光束作用下将合金粉末或陶瓷粉末与基体表面迅速加热并熔化,光束移开后自动急速冷却形成稀释率极低、与基体材料呈冶金结合的表面熔覆层。在整个激光熔覆过程中,激光、粉末、基体三者之间存在着相互作用关系,即激光与粉末、激光与基体以及粉末与基体的相互作用。

　　(1)激光与粉末的相互作用。当激光光束穿越粉末时,部分能量被粉末吸收致使到达基体表面的能量衰减;而粉末由于激光的加热作用,在进入金属熔池之前,粉末形态发生改变,依据所吸收能量多少,粉末形态有熔化态、半熔化态和未熔相变态三种。

　　(2)激光与基体的相互作用。使基体熔化产生熔池的热量来自于激光与粉末作用衰减之后的能量,该能量的大小决定了基体熔深,进而对熔覆层的稀释产生影响。

　　(3)粉末与基体的相互作用。合金粉末在喷出送粉口之后在载气流力学因素的扰动下产生发散,导致部分粉末未进入基体金属熔池,而是被束流冲击到未熔基体上发生飞溅。这是侧向送粉式激光熔覆粉末利用率较低的一个重要原因。

　　激光熔覆技术可获得与基体呈冶金结合、稀释率低的表面熔覆层,对基体热影响较小,能进行局部熔覆。从20世纪80年代开始,激光熔覆技术的研究领域进一步扩大和加深,包括熔覆层质量、组织和使用性能、合金选择、工艺性、热物理性能和计算机数值模拟等。例如对60高碳钢进行WC激光熔覆后,熔覆层硬度最高达2200 HV,耐磨性能为基体60高碳钢的20倍左右。在Q235钢表面激光熔覆CoCrSiB合金后,将其耐蚀性与火焰喷涂的耐蚀性进行了对比,发现前者的耐蚀性明显高于后者。

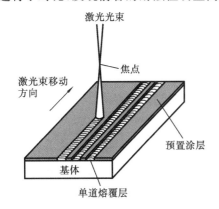

图 6-2　预置送粉式激光熔覆原理示意图

2. 激光熔覆的分类

　　合金粉末是激光熔覆最常用的熔覆材料,按熔覆材料送粉方式的不同,激光熔覆可以通过两种方式来完成,即预置送粉式激光熔覆和同步送粉式激光熔覆两种。

　　(1)预置送粉式激光熔覆原理如图 6-2 所示,它是将熔覆材料预先置于基材表面的熔覆部位,然后采用激光光束辐照扫描熔化,熔覆材料以粉、丝、板的形式加入,其中以粉末涂层的形式加入最为常用。

　　预置送粉式激光熔覆的主要工艺流程为:基材熔覆表面预处理→预置熔覆材料→预热→激光熔化→后热处理。

（2）同步送粉式激光熔覆原理如图 6-3（a）所示，它是将熔覆材料直接送入激光光束中，使供料和熔覆同时完成。熔覆材料主要也是以合金粉末的形式送入，有的也采用丝材或板材进行同步送料。同步送粉式激光熔覆的主要工艺流程为：基材熔覆表面预处理→送料和激光熔化→后热处理。同步送粉式激光熔覆又可分为侧向送粉式和同轴送粉式两种。

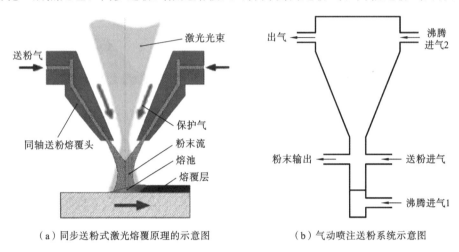

（a）同步送粉式激光熔覆原理的示意图　　　（b）气动喷注送粉系统示意图

图 6-3　同步送粉激光熔覆

激光束照射基体形成液态熔池，合金粉末在载气的带动下由送粉喷嘴射出，与激光作用后进入液态熔池，随着送粉喷嘴与激光光束的同步移动形成了熔覆层。

这两种方法效果相似，同步送粉法更具有易实现自动化控制、激光能量吸收率高、熔覆层内部无气孔和加工成形性良好等优点，尤其是熔覆金属陶瓷可以提高熔覆层的抗裂性能，使硬质陶瓷相可以在熔覆层内均匀分布。若同时加载保护气可防止熔池氧化，获得表面光亮的熔覆层。

目前实际应用较多的是同步送粉式激光熔覆。在现有同步送粉方法中，气动喷注法被认为是成效较高的方法，其原理是依照空气动力学，通过气流带动，把粉末传送入熔池中，因为激光束与材料的相互作用区被熔化的粉末层所覆盖，会提高对激光能量的吸收。这时成分的稀释是由粉末流速控制，而不是由激光功率密度所控制。气动传送粉末技术的送粉系统示意图如图 6-3（b）所示，该送粉系统由一个小漏斗箱组成，底部有一个测量孔。供料粉末通过漏斗箱进入与氩气瓶相连接的管道，再由氩气流带出。漏斗箱连接着两个沸腾进气口，目的是得到均匀的粉末流。通过控制测量孔和氩气流速可以改变粉末流的流速。粉末流速是影响熔覆层形状、孔隙率、稀释率、结合强度的关键因素。按工艺流程，与激光熔覆相关的工艺主要是基材表面预处理方法、熔覆材料的供料方式、预热和后热处理。

3. 激光熔覆技术的特点及应用

激光熔覆是一种新型的涂层和表面改性技术，是涉及光、机、电、材料、检测与控制等多学科的高新技术，是激光先进加工技术的重要支撑。目前，激光熔覆技术已成为新材料制备、金属零部件快速制造、失效金属零部件修复和再制造的重要手段之一，已广泛应用于航空、石油化工、汽车、机械制造、船舶、模具制造等行业。

与传统的堆焊、喷涂、电镀和气相沉积技术相比，激光熔覆具有低的稀释率、较少的气孔和裂纹缺陷、组织致密、熔覆层与基体结合好、适合熔覆材料多、粉末粒度及含量变化大等特点,因此激光熔覆技术应用前景十分广阔。

1) 激光熔覆技术的特点

激光熔覆能量密度高度集中,基体材料对熔覆层的稀释率很小,熔覆层组织性能容易得到保证。激光熔覆精度高,可控性好,适合于对精密零件或局部表面进行处理,可以处理的熔覆材料品种多、范围广。

激光熔覆技术与堆焊、喷涂、电镀和气相沉积等其他表面强化技术相比有如下优点。

(1) 冷却速度快(高达 $10^5 \sim 10^6$ K/s),熔覆组织具有快速凝固的典型特征,容易得到细晶组织或产生平衡态所无法得到的新相,如亚稳相、非晶相等。

(2) 热输入小,畸变小,熔覆层稀释率小(一般小于 5%),与基体呈牢固的冶金结合或界面扩散结合,存在互溶的过渡区,该区域性能及组织均呈现梯度渐变,从而保证了熔覆层与基体之间的结合强度,通过对激光工艺参数的调整,可以获得低稀释率的良好熔覆层,并且熔覆层成分和稀释率可控。

(3) 合金粉末选择几乎没有任何限制,许多金属或合金都能熔覆到基体表面上,特别是能熔覆高熔点或低熔点的合金(例如在低熔点金属表面熔覆高熔点合金),具有极好的经济效益和技术效益。

(4) 熔覆层的厚度范围大,单道送粉一次熔覆厚度在 0.2~2.0 mm;熔覆层组织细小致密,甚至产生亚稳相、超弥散相、非晶相等,微观缺陷少,界面结合强度高,熔覆层性能优异。

(5) 能进行选区熔覆,材料消耗少,具有优异的性能价格比;尤其是采用高功率密度快速激光熔覆时,表面变形可降低到零件的装配公差内;可于一个金属材料表面,制备任意成分及性能的熔覆层,在实现选区的材料及工艺的变更的同时,还可根据相关要求,对熔覆粉末进行任意调整。

(6) 光束瞄准可以对复杂件和难以接近的区域激光熔覆,工艺过程易于实现自动化。

在我国工程应用中钢铁材料占主导地位,金属材料的失效(如腐蚀、磨损、疲劳等)大多发生在零部件的工作表面,需要对表面进行强化。如果为满足工件的服役条件而采用大块的原位生成颗粒增强钢铁基材料制造,不仅浪费材料,而且成本极高。另一方面,从仿生学的角度考察天然生物材料,其组成为外密内疏,性能为外硬内韧,而且密与疏、硬与韧从外到内是梯度变化的,天然生物材料的特殊结构使其具有优良的使用性能。根据工程上材料特殊的服役条件和性能的要求,迫切需要开发强韧结合、性能梯度变化的新型表层金属基复合材料。激光熔覆技术还有利于这种表面改性和梯度变化复合材料的研发。

2) 激光熔覆技术的应用

激光熔覆技术是一项新兴的零件表面加工和改性技术,其有工件变形小、过程易于实现自动化等优点。激光熔覆技术应用到表面加工,可以极大提高零件表面的硬度、耐磨性、耐蚀性、耐疲劳性等性能,可以大幅度提高材料的使用寿命。同时,还可以用于失效零部件的修复,大量节约原材料和加工成本,激光熔覆技术应用到快速再制造金属零件,所需设备少,可以减少工件制造工序,降低成本,提高零件质量。激光熔覆技术可广泛应用于航空、国防、石油化工、机械、冶金、医疗器械等各个领域。

从当前激光熔覆技术的应用来看,其主要应用于两个方面:对材料的表面改性,如燃气轮机叶片、轧辊、齿轮等;对产品的表面修复和再制造,如转子、模具等。

4. 激光熔覆技术的现状、存在问题及发展前景

1) 激光熔覆技术的发展现状

激光熔覆技术是涉及光、机、电、计算机、材料、物理、化学等多门学科的跨学科高新技术,可以追溯到 20 世纪 70 年代,并于 1976 年诞生了第一项涉及高能激光熔覆的专利。进入 20 世纪八九十年代,激光熔覆技术得到了迅速的发展。近年来随着 CAD 技术兴起的快速原型加工技术,为激光熔覆技术增添了新的活力。

激光熔覆技术相关研究包括钴基、镍基、铁基合金在金属表面熔覆后的组织结构与性能的研究。目前已成功开展了在不锈钢、模具钢、可锻铸铁、灰口铸铁、铜合金、钛合金、铝合金及特殊合金表面钴基、镍基、铁基等自熔合金粉末及陶瓷相的激光熔覆。

激光熔覆铁基合金适用于要求局部耐磨而且易变形的零件。镍基合金适用于要求局部耐磨、耐高温、耐腐蚀及抗热疲劳的构件。钴基合金适用于要求耐磨、耐蚀及抗热疲劳的零件。陶瓷熔覆层在高温下有较高的强度,热稳定性好,化学稳定性高,适用于要求耐磨、耐蚀、耐高温和抗氧化性的零件。在滑动磨损、冲击磨损和磨粒磨损严重的条件下,镍基、钴基和铁基合金粉末已经满足不了使用工况的要求,因此在合金表面激光熔覆金属陶瓷复合熔覆层已经成为国内外研究的热点。目前已经进行了钢、钛合金及铝合金表面激光熔覆多种陶瓷或金属陶瓷熔覆层的研究并取得进展。

2) 激光熔覆技术存在的问题

评价激光熔覆层质量的优劣,主要从两个方面来考虑。一是宏观上,考察激光熔覆层形状、表面不平度、裂纹、气孔等;二是微观上,考察是否形成良好的组织、稀释率、能否满足所要求的使用性能。此外,还应测定表面熔覆层化学元素的种类和分布,注意分析熔覆过渡层的形态是否为冶金结合,必要时要进行质量、性能和寿命检测。

目前,研究工作的重点是熔覆设备的研制与开发,熔池动力学,合金成分设计,微裂纹形成,扩展和控制方法,熔覆层与基体之间的结合等。

采用激光熔覆技术制备与基材呈冶金结合的梯度功能原位生成颗粒增强金属基复合材料,不仅是工程实践的迫切需要,也是激光加工技术发展的趋势。激光熔覆技术制备原位生成颗粒增强金属基复合材料、功能梯度材料已有报道,但大多停留在工艺参数控制、组织性能分析阶段。增强相的尺寸、间距和所占的体积比还不能达到可控制的水平。梯度功能是通过多层熔覆形成的,不可避免地在层与层之间存在界面弱结合的问题。通过激光熔覆技术制备的颗粒大小、数量和分布可控,强韧性适当匹配,集梯度功能和原位生成颗粒增强为一体的金属基复合材料是重要的发展方向。

激光熔覆技术进一步应用面临的主要问题是:

(1) 激光熔覆技术未完全实现产业化的主要原因是熔覆层质量的不稳定性。激光熔覆过程中,加热和冷却的速度极快,最高加热速度可达 1012 ℃/s。由于熔覆层和基体材料的温度梯度和热胀系数的差异,可能在熔覆层中产生多种缺陷,主要包括气孔、微裂纹、应力与变形、表面不平度等。

(2) 激光熔覆过程的检测和实施自动化控制。

（3）激光熔覆层的开裂敏感性，仍然是困扰国内外研究者的一个难题，也是工程应用及产业化的主要障碍，特别是针对金属陶瓷复合熔覆层。目前虽然已经对微裂纹的形成和扩展等进行了研究，但控制方法和措施还不成熟。

3）激光熔覆技术的发展前景

激光熔覆技术是一种经济效益很高的新技术，它可以在廉价金属基材上制备出高性能的合金表面而不影响基体的性质，降低成本，节约贵重稀有金属材料。世界上各工业先进国家对激光熔覆技术的研究及应用都非常重视。

进入 21 世纪以来，激光熔覆技术得到了迅速的发展，目前已成为国内外激光加工技术研究的热点之一。激光熔覆技术具有很大的技术经济效益和社会效益，可广泛应用于机械制造与维修、汽车制造、纺织机械、航海、航空航天和石油化工等领域。

激光熔覆技术已经取得一定的成果，正处于逐步走向工业化应用的起步阶段。今后的技术发展主要有以下几个方面。

（1）激光熔覆技术的基础理论研究，如激光熔覆制备功能梯度原位生成颗粒增强金属基复合材料颗粒增强相析出、长大和强化的热力学和动力学模型的建立和数值模拟等。

（2）熔覆材料（成分、组织、性能）的设计与开发，特别是涉及陶瓷相、超弥散相、非晶相、纳米技术等先进材料的研发。

（3）激光熔覆快速成形及自动化装备的改进与研制以及工艺实现的实时控制技术。

（4）颗粒增强相形态、结构、功能，复合的仿生设计，尺寸、数量、分布的控制技术。

（5）熔覆层成分、组织和性能梯度控制的原理、关键因素和工艺方法的研发。

（6）激光熔覆宏观、微观界面的分析、控制和表征，功能梯度原位生成颗粒增强金属基复合材料性能的分析和检测，以及不同工况下熔覆层的磨损行为及失效机制。

为推动激光熔覆技术的产业化，世界各国的研究人员针对激光熔覆涉及的关键技术进行了系统的研究，已取得重大的进展。国内外有大量的研究和论文、专利介绍激光熔覆技术及最新的应用，包括激光熔覆设备、材料、工艺、质量检测、过程模拟与仿真等。

我国科学工作者在激光熔覆基础理论研究方面处于国际先进水平，为激光熔覆技术的发展做出了巨大的贡献。但另一方面，我国激光熔覆技术的应用水平和规模还不能适应市场的需求。激光熔覆技术的全面工业化应用，仍需重点突破制约其发展的关键因素，解决工程应用中涉及的关键技术，例如研究开发专用的合金粉末体系，开发专用的粉末输送装置与技术，建立激光熔覆质量保证和评价体系。相信在制造业市场竞争日趋激烈的今天，激光熔覆技术的应用领域将不断扩大，激光熔覆技术大有可为。

6.2　激光熔覆技术的预处理

6.2.1　概述

预处理也称前处理，是影响基体经激光熔覆后涂层质量的核心因素。在激光熔覆技术实施过程中,未经预处理的基体表面带有的油污在激光光束的高能量辐照下,可能会引发火灾、爆炸等,对施工者、设备及环境的安全造成极大的威胁。

1. 预处理的必要性

预处理是基体在进行激光熔覆前的重要处理步骤。基体在制备、运输、储存过程中都有可能黏附油污、灰尘,产生锈渍或表面粗糙、不平整等问题,因此在激光熔覆前,必须先将油污、锈渍、不平整表面等除去,才能使后续加工得到满意效果。

2. 处理去除的污染物

基体在预处理过程中,要除去的污染物可以分为有机物和无机物两大类。

(1)有机污染物:包括矿物油(如柴油、机油、凡士林、石蜡等)以及动植物油(如豆油、菜籽油、猪油、牛油等),这些油污主要来自基体成形及机械加工过程中使用的脱模剂、润滑油、切削液、淬火油、抛光膏及操作人员的接触汗渍等。

(2)无机污染物:包括泥土、灰尘、基体表面在制备及放置过程中产生的氧化物、与化学试剂接触产生的其他无机化合物等。

3. 基体预处理的步骤

(1)表面机械预处理:消除基体表面的粗糙状态,经过机械磨光、抛光达到表面光洁。

(2)除油:去除基体表面的油污及黏附物。

(3)除锈:去除基体表面的氧化皮、氧化物等。

(4)弱浸蚀:活化待处理表面,去除表面钝化膜,露出金属结晶组织。

4. 基体表面预处理的方法

(1)机械法:应用磨光机、抛光机、喷砂机或其他机械消除表面粗糙状态,进行磨光、抛光;

(2)化学法:应用有机溶剂除油或化学试剂除油、除锈;

(3)电化学法:应用电化学除油、除锈或抛光。

在实际生产和试验中,可根据基体本身的性质,不同的激光熔覆技术对基体表面状态的要求及得到激光表面涂层的技术质量要求,选用适当的预处理方法及工艺。

6.2.2 表面机械预处理

机械处理分为磨光、抛光(精抛、镜面抛光)、滚光(振动光饰)、刷光、喷砂等方法。

(1)抛光是为了消除铝材表面的机械损伤和腐蚀斑点,提高表面平滑度和光泽度。抛光分为机械抛光和化学抛光、电化学抛光。

(2)滚光、振动光饰可列为另一种机械抛光,它们均可达到清除少量油污和锈,去除毛刺,倒圆棱边、锐角,降低零件表面粗糙度等光饰目的。主要特点是产量高,质量稳定,适用于多种形状的金属或非金属零件,特别是小零件。

滚光是将零件放入盛有磨料和化学溶液的滚筒中,借滚筒旋转使零件与磨料、零件与零件相互摩擦,以达到清理零件表面的过程。

振动光饰是在滚筒滚光的基础上发展起来的较先进的光饰方法,它是通过振动电动机等带动容器作上下、左右或旋转运动,从而使零件与磨料介质相互摩擦,以达到整平、修饰零件的过程。

滚光、振动光饰的磨料介质有金刚砂、石英砂、大理石、石灰石颗粒和建筑砂子等天然磨料;有氧化铝(刚玉)、碳化硅(人造金刚砂)等烧结磨料;有陶瓷烧制磨料、树脂黏结磨料;有硬质钢珠、型钢头、铁钉头等钢材磨料;有锯末、玉米芯、胡桃核、碎皮革角、碎毛毡等动植物磨料。

磨光和抛光实际上是同一种机械处理方法。两者区别是:布轮黏结磨料后的操作为"磨光",而将抛光膏涂抹在软布轮或毡轮上的操作为"抛光"。

6.2.3 除油

基体在各种热处理、机械加工、运输及保管过程中,不可避免地会被氧化,产生一层厚薄不均的氧化层。同时,也容易受到各种油类污染并吸附一些其他的杂质。

油污及某些吸附物、较薄的氧化层,可先后用溶剂清洗、化学处理,或直接用化学处理进行去除。当前常用的化学预处理主要包括除油和除锈工艺。而通常经过处理后的金属表面具有高度活性,更容易再度受到灰尘、湿气等的污染。为此,处理后的金属表面应尽可能快地进行激光熔覆。

除油又称脱脂,是为提供洁净表面、实施防护措施而清除金属表面油污的工艺过程。除油方法可以分为如下几种。

(1) 浸洗法,用溶剂或碱溶液浸泡、冲洗金属表面;

(2) 喷洗法,喷射除油剂到金属表面;

(3) 刷洗法,用除油剂刷洗金属,通过化学或其他方法除去零件表面油污。

根据目前常用的除油剂不同,可以分为碱性除油、有机溶剂除油及金属清洗剂除油等。

根据除油过程与除油剂对油污的作用原理,可以分为物理除油法、化学除油法及电化学除油法。

无论是化学除油,还是电化学除油,都必须对被涂物进行严格的冷水或热水清洗,把吸附在被涂物表面的碱液和表面活性剂等残余物清洗干净。水洗最好采用流动清水,为了保证水洗的质量,应特别重视冷水和热水的纯度,定期更换水洗槽中的水,以提高水洗质量和效果。

常用的碱性化学除油工艺及其乳化能力较弱,因此,当零件表面油污中主要是矿物油时,或零件表面附有过多的黄油、涂料乃至胶质物质时,在化学除油之前应先用机械方法或有机溶剂去除,这一工序不可疏忽。在生产上化学除油主要用于预除油,然后再进行电化学除油将油脂彻底除尽。

6.2.4 除锈

金属基体置于空气、室外或露天条件下,非常容易发生氧化,进而发生锈蚀,不但影响外观质量,还会影响激光熔覆技术工艺的正常实施。如不及时处理,更会因锈蚀过度,造成基体的报废,导致不必要的经济损失。

除锈就是除去基体表面锈蚀产物的过程。不同材质的基体、不同的锈蚀程度,有不同的除锈要求,应采用不同的除锈方法。

常见的除锈方法包括手工除锈、机械除锈和化学除锈。

(1) 手工除锈,采用钢丝刷、钢丝球、砂纸等,通过手动刷、手工打磨等方式,将金属材料表面附有的锈渍去除;

(2) 机械除锈,要用喷砂、研磨、抛光等机械设备,通过机械抛磨等方式,将金属材料表面附有的锈渍去除;

(3) 化学除锈,利用化学反应从工件表面溶解掉一般锈迹、氧化层及各种腐蚀产物而不影响基体金属。

6.3 激光熔覆设备与材料

6.3.1 激光熔覆设备

激光熔覆设备是由多个系统综合组成的,必备的三大模块是激光器及光路系统、送粉系统、控制系统。激光熔覆成套设备的组成包括激光器、冷却机组、送粉机构、加工工作台等。

1. 激光器及光路系统

激光器作为熔化金属粉末的高能量密度的热源,是激光熔覆设备的核心部分,其性能直接影响熔覆的效果。光路系统用于将激光器产生的能量传导到加工区域,光纤是当今光路系统的主要代表。

激光器的选用:随着半导体激光器和光纤激光器技术的快速发展,它们已经逐渐替代了原有的 CO_2 气体激光器及 YAG 固体激光器,成为激光熔覆最常用的激光器。其中半导体激光器以其独有的能量由光斑中心向外围逐渐降低的特性,被广泛研究并应用于激光熔覆技术。

2. 送粉系统

送粉系统是激光熔覆设备的一个关键部分,送粉系统的技术属性及工作稳定性对最终的熔覆层成形质量、精度以及性能有重要的影响。送粉系统通常包括送粉器、粉末传输管道和送粉喷嘴。如果选用气动送粉系统,还应包括供气装置。

依据送粉原理不同,送粉器可分为重力式送粉器、气动式送粉器、机械式送粉器等三种。送粉器是送粉系统的核心,为了获得具有优异成形质量、精度和性能的熔覆层,一个质量稳定、精确可控的送粉器是不可缺少的。以气动式送粉器为例,不仅要求保证送粉电压与粉末输送量之间呈线性关系,还须保证送粉电压稳定,送粉流量不会发生较大波动,粉末输送流量要保持连续均匀。如果送粉器的送粉流量波动很大,进入熔池的粉末量会随之发生变化,最终导致成形的熔覆层尺寸偏差大,尤其是在熔覆层厚度方面,尺寸偏差最为明显。

对于送粉喷嘴来说,喷嘴孔径对粉末利用率有较大的影响。一般地,送粉喷嘴的孔径应小于熔覆时激光的光斑直径,这样能保证粉末有效进入金属熔池。送粉式激光熔覆存在一个值得关注的问题,即粉末飞溅损失较大、利用率较低,粉末束发散是其主要原因。粉末束在喷嘴出口处形成的发散,导致到达基体表面的部分粉末飞落到熔池之外。只有进入熔池的合金粉末才能有助于熔覆层成形,喷射到熔池之外的粉末颗粒在动能的作用下从基体上反弹出去,产生飞溅损失。粉末束的发散角越小,进入熔池的粒子越多,粉末实际利用率越高。

实践表明,减小送粉喷嘴孔径有利于降低粉末束的发散角。从提高熔覆效率、节约合金粉末的角度出发,采用较小孔径的送粉喷嘴可起到明显的效果。

3. 控制系统

控制系统是激光输送端头的载体,对实现激光熔覆成形的精确控制是必不可少的。关于控制系统的技术属性,须保证能够在 X、Y、Z 三个维度进行操纵,这在早期的数控机床上即可实现。但要实现任意复杂形状工件的熔覆,还需要至少 2 个维度,即转动和摆动,数控机器人可满足这一需求。

除以上激光器及光路系统、送粉系统、控制系统外,依据实验或工况条件还可配制下列辅助装置。

(1) 保护气系统。对于一些易氧化的熔覆材料,为提高激光熔覆成形质量,应用保护气可保证加工区域的气氛达到技术要求。常见的保护气有氩气(Ar)和氦气(He)。

(2) 监测与反馈控制系统。对激光熔覆过程进行实时监测,并根据监测结果对熔覆过程进行反馈控制,以保证激光熔覆的稳定性;该系统对成形精度的影响至关重要,如在激光头部位加装光学反馈的跟踪系统,会大幅度提高熔覆精度。

6.3.2 激光熔覆材料

激光熔覆材料是指用于成形熔覆层的材料。按形状划分为粉材、丝材、片材等。其中,粉末状熔覆材料的应用最为广泛。

1. 基本要求

采用激光熔覆技术可以制备铁基、镍基、钴基、铝基、钛基、镁基等金属基复合材料。从功能上分类,激光熔覆可以制备单一或同时兼备多种功能的熔覆层,如耐磨损、耐腐蚀、耐高温以及特殊功能性的熔覆层。从构成熔覆层的材料体系来看,从二元合金体系发展到多元合金体系。多元合金体系的成分设计以及多功能性是激光熔覆制备新材料的重要发展方向。

对于一定的基体材料,选择适当的熔覆材料是获得表面和内在质量良好、性能满足使用要求的熔覆层的关键。从熔覆层成形和应力控制的角度来说,熔覆材料与基体的热胀系数应该相近,以减小热应力和裂纹倾向。熔覆层与基体材料熔点相近,可以减小稀释率,保证冶金结合,避免熔点过高或过低造成熔覆层表面粗糙、孔洞和夹杂。熔覆材料对基体应有良好的润湿性,促进改善熔覆层成形。从满足熔覆层使用性能的角度来说,应根据零部件的工作条件选择具有相应性能的材料,包括耐磨、耐腐蚀、耐热、抗氧化性等。熔覆材料与基体材料的相容性,包括互溶性、合金化、润湿性、物理化学性质等,也是非常重要的因素,添加材料与基体材料润湿性良好时才能保证表面成形。

如果采用粉末材料,其流动性对送粉的均匀稳定性有很大影响,进而影响熔层的成形和质量。粉末流动性与其形状、粒度、分布、表面状态有关,球形粉末流动性最好,普通粒度粉和粗粒度粉适合激光熔覆采用,细粉和超细粉流动性差,容易团聚和堵塞喷嘴。

目前,激光熔覆粉末大多采用热喷涂粉末。可按如下方式划分:

(1) 按照粉末性质的不同,可以分为自熔性合金粉末、碳化物陶瓷粉末等;

(2) 按照粉末制备方法的不同,可以分为超声雾化粉末、烧结破碎粉末等;

(3) 按照粉末性能特点的不同,可以分为耐磨、耐热、耐腐蚀粉末等。

采用不同制备方法合成的成分相同的粉末往往表现出不同的熔覆特性,最终对熔覆质量和性能产生影响。

2. 激光熔覆用的粉材

激光熔覆所用的粉材主要有自熔性合金粉末、碳化物复合粉末、氧化物陶瓷粉末等。这些材料具有优异的耐磨和耐蚀等性能,通常以粉末的形式使用。将其用作激光熔覆材料可获得满意的效果。

1) 自熔性合金粉末

自熔性合金粉末和复合粉末是最适于激光熔覆的材料,与基体材料具有良好的润湿性,易获得稀释率低、与基体冶金结合的致密熔覆层,有效提高工件表面的耐磨、耐蚀及耐热性能。

由于粉末成分中含有 B、Si,具有自行脱氧、造渣的功能,即所谓的自熔性。这类合金粉末在熔覆时,合金中的 B、Si 元素被氧化,生成 B_2O、SiO_2,在熔覆层表面形成氧化薄膜,起到防止熔覆层氧化、提高熔覆层表面质量的作用。目前,激光熔覆大多还是沿用热喷涂(焊)的材料体系,应用广泛的激光熔覆自熔性合金粉末主要有:镍基合金粉末、钠基合金粉末、铁基合金粉末、碳化钨复合材料粉末、金属陶瓷粉末等。其中,以镍基合金粉末应用最多,与钴基合金粉末相比,其价格较便宜。表 6-1 列出几种自熔性合金粉末的特点。

表 6-1　自熔性合金粉末的特点

自熔性合金粉末	自熔性	优　　　点	缺　　　点
铁基合金粉末	差	成本低	抗氧化性差
钴基合金粉末	较好	耐高温性最好、良好的耐热震、耐磨、耐蚀性能	价格较高
镍基合金粉末	好	良好的韧性、耐冲击性、耐热性、抗氧化性、较高的耐蚀性能	耐高温性能较差

铁基合金粉末、镍基合金粉末及钴基合金粉末三大合金系列的主要特点是含有强烈脱氧和自熔作用的 B、Si 元素。这类合金在激光熔覆时,合金中的 B 和 Si 被氧化生成氧化物,在熔覆层表面形成薄膜。这种薄膜既能防止合金中的元素被过度氧化,又能与这些元素的氧化物形成硼硅酸盐熔渣,减少熔覆层中的夹杂和含氧量,从而获得氧化物含量低、气孔率少的熔覆层。B 和 Si 还能降低合金的熔点,改善熔体对基体金属的润湿能力,对合金的流动性及表面张力产生有利的影响。自熔性合金的硬度随合金中 B、Si 含量的增加而提高,这是

由于 B 和 C 与合金中的 Ni、Cr 等元素形成硬度极高的硼化物和碳化物的数量增加所致。这几类自熔性合金粉末对钛合金也有较好的适应性。

2）陶瓷粉末

陶瓷粉末的激光熔覆近年来受到人们的关注。在强烈磨损的场合，为了进步提高激光熔覆层的耐磨性，可以在自熔性合金粉末中添加各种碳化物、氮化物、硼化物和氧化物陶瓷颗粒，形成复合陶瓷粉末。激光熔覆复合陶瓷粉末可以将金属材料的强韧性、良好的工艺性和陶瓷材料的耐磨、耐腐蚀、耐高温和抗氧化等性能结合起来。

陶瓷粉末也可以直接进行激光熔覆，但是由于陶瓷与一般基体的性质差异很大，陶瓷材料的熔覆工艺性也比较差，所以陶瓷粉末激光熔覆在实际应用中还存在很多问题，特别是陶瓷粉末的激光熔覆层因易产生裂纹和剥落等问题仍有待深入研究。

陶瓷材料与基体材料的线胀系数、弹性模量、热导率等差别很大，陶瓷熔点大大高于金属，因此激光熔覆陶瓷的熔池区域温度梯度很大，造成很大的热应力，熔覆层容易产生裂纹和孔洞等缺陷。激光熔覆陶瓷层可采用过渡熔覆层或梯度熔覆层的方法来实现。

陶瓷材料激光熔覆时应考虑陶瓷与基体材料能够发生化学反应，从而改善其相容性。反应产物与陶瓷和金属一般具有良好的相容性，产物数量适当，对基体具有良好的润湿性。常用各种陶瓷颗粒的热物理性能见表6-2。

表 6-2　常用陶瓷颗粒的热物理性能

陶瓷材料	熔点/℃	热导率[W/(m·K)]	热胀系数/(10^{-6}/℃)	弹性模量/GPa	密度/(g/cm³)
WC	2632	0.454	6.2	708	15.77
SiC	2300	0.346	4.7	480	3.21
TiC	3140	0.173	7.4	412	4.25
Al_2O_3	2050	0.024	8.0	402	3.96

多数陶瓷材料都有同素异晶结构，在激光快速加热和冷却过程中常伴有相变发生，导致陶瓷体积变化而产生体积应力，使熔覆层开裂和剥离。因此，用作激光熔覆的陶瓷熔覆材料必须采用高温下稳定的晶体结构（如 α-Al_2O_3、金红石型 TiO_2）或通过改性处理获得稳定化的晶体结构（如 CaO、MgO、Y_2O_3、ZrO_2），这是获得满意陶瓷熔覆层的重要条件。

陶瓷材料熔覆层的脆性大，对应力、裂纹敏感；耐疲劳性能差，易呈脆性断裂。因此，陶瓷材料熔覆层不宜用于负荷重、应力高和承受冲击载荷的条件下。

3）复合粉末

复合陶瓷粉末分为包覆型和混合型。包覆型粉末是用合金材料包裹在陶瓷颗粒表面，使陶瓷颗粒受到良好的保护，防止其在高温下氧化和分解。混合型粉末是将合金粉末和陶瓷粉末进行机械混合，合金粉末对陶瓷粉末没有保护作用。

常用的陶瓷复合粉末示例见表6-3。

碳化物陶瓷粉末是最为常用的复合粉末，具有良好的使用性能。WC/Co 和 Cr_3C_2/NiCr 是两种典型的碳化物陶瓷粉末，其中 WC 和 Cr_3C_2 碳化物颗粒作为强化相，Co 和 NC 合金作为黏结相。随着强化相和黏结相组成比例的不同表现出了不同的性能，可以根据具体使用要求而灵活选用。

表 6-3　常用的陶瓷复合粉末示例

材　　料	品　　种
金属氧化物	① 氧化铝系：A_2O_3、$Al_2O_3 \cdot SiO_2$、$A_2O_3 \cdot MgO$ ② 氧化钛系：TiO_2 ③ 氧化锆系：ZrO_2、$ZrO_2 \cdot SiO_2$、MgO/ZrO_2、Y_2O_3/ZrO_2 ④ 氧化铬系：Cr_2O_3 ⑤ 其他氧化物：BeO、SiO_2、MgO
金属碳化物、硼化物、硅化物	① WC、W_2C ② TC ③ Cr_3C_2、Cr_23C_6 ④ B_4C、SiC
包覆型粉末	① 镍包铝及陶瓷颗粒 ② 镍包金属及陶瓷颗粒 ③ 镍包陶瓷 ④ 镍包有机材料及陶瓷颗粒
团聚粉	① 金属/合金＋陶瓷颗粒 ② 金属/自熔性合金＋陶瓷颗粒 ③ WC 或 WC/Co＋金属及合金 ④ 氧化物＋金属及合金 ⑤ 氧化物＋包覆粉 ⑥ 氧化物＋碳化物（硼化物、硅化物）
熔炼粉及烧结粉	碳化物＋自熔性合金 WC-Co

在滑动、冲击磨损和磨粒磨损严重的条件下，单纯的镍基、钴基、铁基自熔性合金已不能胜任使用要求，此时可在上述自熔性合金粉末中加入高熔点的碳化物、氮化物、硼化物和氧化物陶瓷颗粒，通过激光熔覆形成金属陶瓷复合涂层。其中，碳化物（WC、TC、SiC 等）和氧化物（ZrO_2、Al_2O_3 等）研究和应用最多。陶瓷材料在金属熔体中的行为特征有完全溶解、部分溶解、微量溶解，其溶解程度受陶瓷种类、基体类型控制，其次是激光熔覆工艺条件。在激光熔覆过程中，熔池在高温存在的时间极短，陶瓷颗粒来不及完全熔化，熔覆层由面心立方的 γ 相（Fe、Ni、Co）、未熔陶瓷相颗粒和析出相（如 M_7C_3、$M_{23}C_6$ 等）组成。熔覆层中存在细晶强化、硬质颗粒弥散强化、固溶强化和位错堆积强化等强化机制。

6.3.3　激光熔覆材料的设计和选择

在激光熔覆实施过程中，若材料体系搭配不合理，则难以获得质量和性能理想的熔覆层。熔覆材料的设计和选择对激光熔覆技术的工程应用至关重要，为了减少激光熔覆层的裂纹敏感性，使熔覆层具有合适的组织结构、良好的力学性能和成形工艺性，熔覆材料设计和选用时应考虑以下几个方面。

1. 一般原则

激光熔覆技术目前已在工业生产中获得大量的应用,但激光熔覆材料一直是制约其进一步发展的重要因素。目前激光熔覆材料大多沿用热喷涂材料,缺乏专用的系列化粉末材料,但两种工艺在凝固温度区间和熔池寿命等方面存在差异,激光熔覆时直接使用热喷涂粉末容易产生气孔、夹杂和涂层开裂等问题。

针对不同的应用环境,合理设计熔覆材料/基体金属体系,是获得性能理想熔覆层的根本。在设计和选配熔覆材料时,应注意以下几个方面:

(1) 熔覆材料与基体金属二者的膨胀系数应尽可能接近。膨胀系数差异过大,熔覆层易产生裂纹甚至剥落;

(2) 熔覆材料与基体金属的熔点不能相差太大,否则难以形成与基体良好冶金结合且稀释度小的熔覆层;

(3) 熔覆材料以及熔覆材料中高熔点陶瓷相颗粒与基体金属之间应当具有良好的润湿性;

(4) 对于同步送粉激光熔覆工艺而言,熔覆粉末必须具有良好的流动性。粉末的流动性与粉末的形状、粒度分布、表面状态及粉末的湿度等因素有关。

2. 材料的选用

激光熔覆层性能取决于熔覆层的组织和增强相组成,而其化学成分和工艺参数决定了熔覆层的组织结构。因此在选择激光熔覆材料时,除了满足激光熔覆对基体材料的要求,即获得所需要的使用性能,如耐磨、耐蚀、耐高温、抗氧化等特殊性能,还要考虑熔覆材料是否具有良好的工艺性能。因此,激光熔覆材料的选择,主要考虑使用性能以及工艺性能等因素。

(1) 熔覆材料的选择应满足熔覆层使用性能要求,并兼顾工艺性和经济性;

(2) 所选用的熔覆材料还应有良好的造渣、除气、隔气性能;

(3) 熔覆合金粉末须具有良好的流动性;

(4) 熔覆粉末的表面质量对熔覆层性能也有影响;

(5) 单一熔覆材料不能满足工件使用要求时,可考虑选用复合熔覆材料,以达到与基体材料的牢固结合,发挥不同熔覆层之间的协同效应。

6.3.4　熔覆材料的添加方式

在激光熔覆过程中,激光熔覆层的质量和性能除了与熔覆层材料的成分和粒度、基材的性能和成分密切相关外,主要取决于熔覆工艺参数及熔覆材料的添加方式。

熔覆材料添加方式(如预置厚度或送粉量)不同,激光熔覆过程中能量的吸收和传输、熔池的对流传质和冶金过程就不同,对熔覆层的组织和性能会产生很大的影响。送粉量过大、预置粉末过厚,会降低熔覆层表面质量;送粉量过小、预置粉末厚度过低,获得的熔覆层太薄甚至无法得到熔覆层,因此需合理选择熔覆材料添加方式和送粉量。送粉量的选择还要依据合金粉末的种类、粒度、送粉方式(如重力或气流)等因素。

1. 同步送粉法

同步送粉法是一种较为理想的供粉方式,这种方法的特点是由送粉器经送粉管将合金粉末定量地直接送入工件表面的激光辐照区。粉末到达熔覆区之前先经过激光束,被加热到红热状态,落入熔覆区后随即熔化,随基材移动和合金粉末的连续送入形成熔覆层,如图6-4所示。这种送粉方式均匀、可控,具有良好的可控性和可重复性,易于实现自动化。

2. 预铺粉法

预铺粉末的方法有很多,当前主要有黏结、喷涂两种方式(见图6-5)。黏结方法简便灵活,不需要任何的设备。涂层的黏结剂在熔覆过程中受热分解,会产生一定量的气体,在熔覆层快速凝固结晶的过程中,易滞留在熔覆层内部形成气孔;黏结剂大多是有机物,受热分解的气体容易污染基体表面,影响基体和熔覆层的熔合。喷涂是将涂层材料(粉末、丝材或棒材)加热到熔化或半熔化的状态,并在雾化气体下加速并获得一定的动能,喷涂到零件表面上,对基体表面和涂层的污染较小。但火焰喷涂、等离子弧喷涂容易使基体表面氧化,所以须严格控制工艺参数。电弧喷涂在预置涂层方面有优势,在电弧喷涂过程中基体材料的受热程度很小(基体温度可控制在80 ℃以下),工件表面几乎没有污染,而且涂层的致密度很好,但需要把涂层材料加工成线材。采用热喷涂方法预制涂层,需要添加必要的喷涂设备。

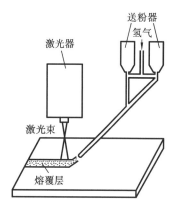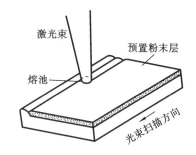

图 6-4　同步送粉法激光熔覆　　　　　图 6-5　预铺粉法激光熔覆

同步送粉法与预铺粉法相比,两者熔覆和凝固结晶的物理过程有很大的区别。同步送粉法熔覆时合金粉末与基体表面同时熔化。预铺粉法则是先加热涂层表面,再依赖热传导的过程加热整个涂层。在材料表面激光熔覆过程中,影响激光熔覆层质量和组织性能的因素很多,例如激光功率、扫描速度、材料添加方式、搭接率与表面质量、稀释率等。针对不同的工件和使用要求,应综合考虑选取最佳工艺及参数的组合。

6.4　激光熔覆工艺

6.4.1　激光熔覆的工艺特点

激光熔覆是一个复杂的物理、化学冶金过程,激光熔覆工艺所用设备、材料以及熔覆过程中的参数对熔覆件的质量有很大的影响。激光熔覆前需要对材料表面进行预处理,去除材料表面的油污、水分、灰尘、锈蚀、氧化皮等,防止其进入熔覆层形成夹杂物和熔覆缺陷,影响熔覆层质量和性能。如果工件表面的污染物比较牢固,可以采用机械喷砂的方法进行清理,喷砂还有利于改善表面粗糙度,提高基体对激光的吸收率。油污可以采用清洗剂加热到一定的温度进行清洗。粉末使用前也应在一定的温度下进行烘干,以去除其表面吸附的水分,改善其流动性。

激光熔覆有单道、多道搭接,单层、多层叠加等多种形式,采用何种形式取决于熔覆层的具体尺寸要求。通过多道搭接和多层叠加可以实现大面积和大厚度熔覆层的制备。图 6-6 所示为球阀激光熔覆多道搭接效果图。

激光熔覆层的成形与熔覆工艺有密切关系。选择合理的工艺参数,可保证熔覆层与基体优良的冶金结合,同时保证熔覆层平整、组织致密、无缺陷。熔覆过程中吹送氩气保护熔池,以防氧化。在扫描速度一定的条件下,随着送粉速度增加,熔

图 6-6　球阀激光熔覆多道搭接效果图

覆层厚度增加,宽度变化不大;在送粉速度一定的条件下,随着扫描速度增加,熔覆层厚度减小,熔覆宽度减小。

随着送粉速率的增加,激光有效利用率增大,但是当送粉速率达到一定程度时,熔覆层与基体便不能良好结合。因为激光加热粉末的过程中,部分能量在粉末之间发生漫散射,相当于增大了粉末的吸收率,延长了激光与粉末的作用时间。随着送粉速率的增加和粉末吸收热量的增加,被基体表面吸收的激光能量减少,基体熔化程度不足,导致熔覆无法实现冶金结合。

在激光熔覆过程中,为了获得冶金结合的熔覆层,必须使金属基体表面产生一定程度的熔化,因此基体对熔覆层的稀释不可避免。为了保证熔覆层的性能,须尽量减少基体稀释的不利影响,将稀释率控制在合适的程度。在保证熔覆层和基体冶金结合的条件下,稀释率应尽可能低。激光熔覆层与基体的理想结合是在界面附近形成致密的互扩散带。

如果熔覆材料与基体材料熔点差别太大,会导致工艺参数选择范围过窄,难以形成良好的冶金结合。润湿性好的熔覆材料容易均匀铺展在基体表面,熔覆层成形和表面质量较好,熔覆材料元素容易扩散进入基体,在较低的稀释率下就可以形成牢固的冶金结合。

激光熔覆层的厚度比激光表面合金化的大,可达几毫米。激光束以 10~30 Hz 的频率相对于试件移动方向进行横向扫描所得的单道熔覆宽度可达 10 mm。熔覆速度可从每秒几毫米到 100 m/s 以上。激光熔覆层的质量,如致密度、与基材的结合强度和硬度,均优于热喷涂层(包括等离子弧喷涂层)。

6.4.2　激光熔覆的工艺参数

激光熔覆的工艺参数主要有激光功率、光斑直径、熔覆速度、离焦量、送粉速度、扫描速

度、预热温度等。这些参数对熔覆层的稀释率、裂纹、表面粗糙度以及熔覆零件的致密性等有很大影响。各参数之间也相互影响,是一个非常复杂的过程,须采用合理的控制方法将这些参数控制在激光熔覆工艺允许的范围内。

1. 主要工艺参数

在激光熔覆中,影响熔覆层质量的工艺因素有很多,例如激光功率 P、光斑尺寸(激光光束直径 D 或面积 S)、激光输出时光束构型和聚焦方式、工件移动速度或激光扫描速度 v、多道搭接系数 α,以及不同填料方式确定的涂层材料添加参量(如预置厚度 d 或送粉量 g)等。这些因素中实际上可调节的工艺参数并不多。这是因为激光器一旦选定,激光系统特性也就确定了。在熔覆过程中,激光熔覆的质量主要靠调整三个重要参数来实现,即激光功率 P、激光光束直径 D 和扫描速度 v(或称熔覆速度)。

(1)激光功率 P。

激光功率越大,熔化的熔覆金属量越多,产生气孔的概率越大。随着激光功率增加,熔覆层深度增加,周围的液体金属剧烈波动,动态凝固结晶,使气孔数量逐渐减少甚至得以消除,裂纹也逐渐减少。当熔覆层深度达到极限深度后,随着功率提高,基体表面温度升高,变形和开裂现象加剧;激光功率过小,仅使表面涂层熔化,基体未熔,此时熔覆层表面出现局部起球、空洞等,达不到表面熔覆的目的。

(2)光斑(激光光束)直径 D。

激光光束一般为圆形,熔覆层宽度主要取决于激光光束的光斑直径,光斑直径增加,熔覆层变宽。光斑尺寸不同会引起熔覆层表面能量分布变化,所获得的熔覆层形貌和组织性能有较大的差别。一般来说,在小尺寸光斑下,熔覆层质量较好,随着光斑尺寸的增大,熔覆层质量下降。但光斑直径过小,不利于获得大面积的熔覆层。

(3)熔覆速度 v。

熔覆速度 v 与激光功率 P 有相似的影响。熔覆速度过高,合金粉末不能完全熔化,未起到优质熔覆的效果;熔覆速度太低,熔池存在时间过长,粉末过烧,合金元素损失,同时基体的热输入量大,会增加变形量。

激光熔覆参数不是独立地影响熔覆层宏观和微观质量,而是相互影响的。为了说明激光功率 P、光斑直径 D 和熔覆速度 v 三者的综合作用,提出了比能量(E)的概念,即:

$$E = P/(Dv)$$

即单位面积的辐照能量,可将激光功率密度和熔覆速度等因素综合在一起考虑。

比能量减小有利于降低稀释率,同时它与熔覆层厚度也有一定的关系。在激光功率一定的条件下,熔覆层稀释率随光斑直径增大而减小;当熔覆速度和光斑直径一定时,熔覆层稀释率随激光功率增大而增大。同样,随着熔覆速度的增加,基体的熔化深度下降,基体材料对熔覆层的稀释率下降。

在多道激光熔覆中,搭接率是影响熔覆层表面粗糙度的主要因素,搭接率提高,熔覆层表面粗糙度降低,但搭接部分的均匀性很难得到保证。熔覆道之间相互搭接区域的深度与熔覆道正中的深度有所不同,从而影响了整个熔覆层的均匀性。而且多道搭接熔覆的残余拉应力会叠加,使局部总应力值增大,增大了熔覆层的裂纹敏感性。预热和回火能降低熔覆层的裂纹倾向。

2. 工艺参数对熔覆层质量的影响

1) 稀释率的影响

稀释率是一个重要的概念。激光熔覆的目的是将具有特殊性能的熔覆合金熔化于普通金属材料表面,并保持最小的基材稀释率,使之获得熔覆合金层具备的耐磨损、耐腐蚀等基材欠缺的使用性能。激光熔覆工艺参数的选择应在保证冶金结合的前提下尽量减小稀释率。

稀释率是激光熔覆工艺控制的重要因素之一。稀释率是指激光熔覆过程中由于基体材料熔化进入熔覆层从而导致熔覆层成分发生变化的程度。稀释率的计算可以用成分法或面积法两种计算方法。

(1) 成分法:根据熔覆层化学成分的变化来计算稀释率(λ)。也就是说,稀释率可以定量描述为熔覆层成分由于熔化的基材混入而引起填加合金成分的变化,定义如下式:

$$\lambda = \frac{\rho_p(x_{p+b} - x_p)}{\rho_b(x_b - x_{p+b}) + \rho_p(x_{p+b} - x_p)}$$

式中:ρ_p 为合金粉末熔化时的密度,单位是 g/cm³;ρ_b 为基体材料的密度,单位是 g/cm³;x_p 为合金粉末中元素 x 的质量百分数;x_{p+b} 为熔覆层搭接处元素 x 的质量百分数;x_b 为基体材料中元素 x 的质量百分数。

(2) 面积法:按照熔覆层横截面积的测量值计算稀释率(称为几何稀释率)。也就是说,稀释率可通过测量熔覆层横截面积的几何方法进行计算,表达式为:

$$\lambda = [A_2/(A_1 + A_2)] \times 100\%$$

式中:A_1 为熔覆层的横截面积;A_2 为基体的横截面积。

上式简化之后,可以表示为:

$$\lambda = h/(H + h) \times 100\%$$

式中:H 为熔覆层高度;h 为基体熔深。

稀释率的大小直接影响熔覆层的性能。稀释率过大,基体对熔覆层的稀释作用大,损害熔覆层固有的性能,增大熔覆层开裂、变形的倾向;稀释率过小,熔覆层与基体不能在界面形成良好的冶金结合,熔覆层易剥落。因此,控制熔覆层稀释率的大小是获得优良熔覆层的先决条件。

一般认为激光熔覆的稀释率在 10% 以下为宜(最好在 5% 左右),以保证良好的表面熔覆层性能。但是,稀释率并不是越小越好,稀释率太小,无法形成良好的结合界面。只有把熔覆比能量和稀释率控制在一个范围内,才能获得高质量的熔覆层。

熔覆层的硬度与稀释率密切相关。对于特定的合金粉末,稀释率越低,熔覆层硬度越高。获得最高硬度的最佳稀释率范围是 3%~8%。适当调节工艺参数可控制稀释率的大小。在激光功率不变的前提下,提高送粉速度或降低熔覆速度会使稀释率下降。

材料单位面积吸收的激光能量(即比能量)可以综合评价激光功率、扫描速度、光斑大小等工艺条件的影响。

同时,稀释率与比能量之间的关系密切。稀释率随比能量的增大而增加,在比能量相同的条件下,不同的激光功率密度对应的稀释率有所不同,激光功率密度越大,稀释率越大。因为激光功率大可以缩短合金粉末熔化时间,增加与基体的作用时间。扫描速度越大,稀释率越小。送粉速率越大,粉末熔化需要的能量越大,基体的熔化越少,稀释率越小。

影响稀释率的因素主要有熔覆材料和基体材料的相对性质以及熔覆工艺参数的选择。影响稀释率的熔覆材料性质主要有自熔性、润湿性和熔点。如果在钢件表面激光熔覆钴基自熔性合金，稀释率应小于 10%。但是在镍基高温合金表面熔覆 Cr_3C_2 陶瓷材料，稀释率可达到 30% 以上。

2）激光熔覆的熔池对流及影响

激光辐照的熔覆金属存在对流现象。在激光的辐照下，由于熔池内温度分布的不均匀性造成表面张力大小不等，温度越低的地方表面张力越大。这种表面张力差驱使液体从低张力区流向高张力区，流动的结果使液体表面产生了高度差，在重力的作用下又驱使液态金属重新回流，这样就形成了对流。液态金属的表面张力随温度的升高而降低，所以熔池的表面张力分布从熔池中心到熔池边缘逐渐增加。

由于表面张力的作用，在熔池上层的液态金属被拉向熔池的边缘，使熔池产生凹面，并形成高度差 Δh，由此形成了重力梯度驱动力，这样就形成了回流。在表面张力和重力作用相同处相互抵消，成为零点，零点的位置和叠加力的大小影响着液态金属对流强度和对流的方式。叠加力越大，熔池对流越强烈；零点位置一般位于熔池的中部，这时对流最为均匀，当它偏上时，会出现上部对流强烈而下部流动性差的情况；反之亦然。此外，熔池横截面的对流驱动力是变化的，驱动力由熔池表面到零点逐渐变小，直至为零。在零点至熔池的底部，驱动力又由小变大，再由大变小，到液/固界面处驱动力又重新变为零。所以熔池横截面各点的对流强度并不一致，甚至还存在某些驱动力为零的对流"死点"。

激光熔池的对流现象对熔覆合金的成分和组织的均匀化有促进作用，但在激光熔覆过程中过度的稀释且混合不充分的条件下，易引起成分和组织偏析，降低熔覆层的性能。同步送粉激光熔覆的对流控制着合金元素的分布和熔覆层的几何形状。

3）激光熔覆区的温度场

采用能量呈高斯分布和均匀分布的激光束熔化基体材料表面，沿 Y 方向温度场的分布是对称的。由于激光光束移动的结果，最高温度的中心偏向扫描方向的后部，其偏移量随着光束移动速度的增大而增加。能量非均匀分布激光束扫描时熔池的表面温度分布更复杂，视具体情况而定。

熔池内沿深度方向（X 方向）上温度和熔化时间的分布是不均匀的。在熔池表面的熔化时间最长，温度最高；而在熔池底部的液固界面处只有瞬时熔化温度也最低。对熔池深度方向的温度分布影响最大的是激光光束的能量密度，能量密度越高，温度梯度越大。

6.5　激光熔覆层的组织

激光光束的聚焦功率密度可达 10^6 W/cm^2 以上，作用于材料表面熔覆能获得高达 10^{12} K/s 的冷却速度，这种综合特性不仅为材料科学的发展提供了强有力的基础，同时也为新型材料或新型功能的实现提供了技术支持。

激光熔覆的熔体在高温度梯度下远离平衡态的快速冷却条件，使凝固组织中形成大量过饱和固溶体、介稳或其他新相，提供了制造功能梯度原位生成颗粒增强复合层的热力学和动力学条件。

激光熔覆层与基体的冶金结合对保证激光熔覆质量是非常重要的。因此熔覆层与基体界面的组织特征备受关注。

6.5.1 微观组织的试样制备

试样制备是微观组织研究中非常重要的一部分，在微观组织分析中，选择及制备有代表性的试样是很重要的。通常，试样制备要经过以下几个步骤：取样、镶嵌（有时可以省略）、磨制（粗磨和细磨）、抛光和腐蚀。每项操作都必须细心谨慎，严格按操作要求实施，因为任何操作失误都可能影响后续步骤，在极端情况下，还可能造成假组织，从而得出错误的结论。试样制备是与制备人员制样经验密切相关的技术，制备人员的水平决定了试样的制备质量。

1. 取样的依据

取样是金相试样制备的第一道工序，若取样不当，则达不到检验目的，因此，所取试样的大小、部位、磨面方向等应严格按照相应的标准规定执行。金相试样取样的原则：选择有代表性的金相试样是金相研究的第一步，是否重视取样的重要性常常会影响试验结果的成败。

1）截取试样的部位（必须能表征材料或部件的特点及检验的目的）

（1）对机件破裂的原因进行金相分析时，试样应在部件破裂部位截取。为了得到更多的资料，还需要在离破裂源较远的部位截取参考试样，进行对照研究。

（2）对于工艺过程或热处理不同的材料或部件，试样的截取部位也要相应地改变。

（3）研究分析铸件的金相组织，必须从铸件的表层到中心同时观察。根据各部位组织的差异，从而了解铸件的偏析程度。小机件可直接截取垂直于模壁的横断面，大机件应在垂直于模壁的横断面上，从表层到中心截取几个试样。

（4）轧制型材或锻件取样应考虑表层有无脱碳等缺陷，以及非金属夹杂物的鉴定，所以要在横向和纵向上截取试样。横向试样主要研究表层缺陷及非金属夹杂物的分布，对于很长的型材应在两端分别截取试样，以便比较夹杂物的偏析情况；纵向试样主要研究夹杂物的形状，鉴别夹杂物的类型，观察晶粒粒长的程度，估计逆性形变过程中冷变形的程度。

（5）经过各种热处理的零件，显微组织是比较均匀的，因而只在任一截面上截取试样即可，同时要考虑到表层情况，如脱碳、渗碳、表面镀膜、氧化等。

2）确定试样的金相磨面（研究结果或试验报告上的金相照片应说明取样的部位和磨面的方向）

（1）横截面主要研究以下内容：

① 试样外层边缘到中心部位金相显微组织的变化。

② 表层缺陷的检验，如氧化、脱碳、过烧、折叠等。

③ 表面处理结果观察，如表面镀膜、表面淬火、化学热处理等。

④ 非金属夹杂物在截面上的分布情况。

⑤ 晶粒度的测定。

（2）纵截面主要研究以下内容：

① 非金属夹杂物的数量、形状、大小，夹杂物的情况与取样部位关系非常大，因而必须注

意取样部位能代表整块材料。

② 测定晶粒拉长的程度,了解材料冷变形的程度。

③ 鉴定钢的带状组织以及热处理消除带状组织的效果。

(3)金相试样截取截面方法:试样的截取必须采用合适的方法,避免因切割加工不当而引起显微组织的变化。引起组织变化的可能性有两方面:

① 逆性变形使金相组织发生变化。如低碳钢、有色金属中晶粒受力压缩拉长或扭曲,多晶锌晶粒内部形变孪晶的出现,奥氏体类钢晶粒内部滑移线的增加等都是容易发生的。尤其某些低熔点金属(锡、锌等),由于它们的再结晶温度低于室温,如果试样发生逆性变化,将同时伴随有再结晶过程,使原来的组织、晶粒大小发生根本改变。

② 材料因受热引起的金相组织变化。如淬火马氏体组织,往往因磨削热影响,使马氏体回火,产生回火马氏体。

2. 制样过程

正确地检验和分析金属的显微组织必须具备优良的金相样品。制备好的试样应能观察到真实组织、无磨痕、麻点与水迹,并使金属组织中的夹物、石墨等不脱落。否则将会严重影响显微分析的正确性。金相样品的制备分取样、磨制、抛光、组织显示(浸蚀)等四个步骤。

1)取样

选择合适的、有代表性的试样是进行金相显微分析的极其重要的一步,包括选择取样部位、检验面及确定截取方法、试样尺寸等。

(1)取样部位及检验面的选择:取样的部位和检验面的选择,应根据检验目的选取有代表性的部位。例如:分析金属的缺陷和破损原因时,应在发生缺陷和破损部位取样,同时也应在完好的部位取样,以便对比;检测脱碳层、化学热处理的渗层、淬火层、晶粒度等,应横向截面取样;研究带状组织及冷塑性变形工件的组织和夹杂物的变形情况时,则应纵向截面取样。

(2)试样的截取方法:试样的截取方法可根据金属材料的性能不同而不同。对于软材料,可以用锯、车、刨等方法;对于硬材料,可以用砂轮切片机切割或电火花切割等方法;对于硬而脆的材料,如白口铸铁,可以用锤击方法;在大工件上取样,可用氧气切割等方法。在用砂轮切割或电火花切割时,应采取冷却措施,以减少由于受热而引起的试样组织变化。试样上由于截取而引起的变形层或烧损层必须在后续工序中去掉。

(3)试样尺寸和形状:金相试样的大小和形状以便于握持、易于磨制为准,通常采用直径 $\Phi 15\sim 20$ mm、高 $15\sim 20$ mm 的圆柱体或边长 $15\sim 20$ mm 的立方体。

对非整形、不易于拿取的微小金相试样进行热固性塑料压制,如线材、细小管材、薄板、锤击碎块等,在磨光时不易握持,宜用镶嵌方法镶成标准大小的试块,然后进行切割、抛光等。常用的镶嵌法有低熔点合金镶嵌法、塑料镶嵌法等两种。

2)磨制

磨制分粗磨和细磨两步。试样取下后,首先进行粗磨。如果是钢铁材料试样可先用砂轮粗磨平,如果是很软的材料(如铝、铜等有色金属)可用锉刀锉平。在砂轮上磨制时,应握紧试样,使试样受力均匀,压力不要太大,并随时用水冷却,以防受热引起金属组织变化。此外,在一般情况下,试样的周界要用砂轮或锉刀磨成圆角,以免在磨光及抛光时将砂纸和抛光织物划破。但是,对于需要观察表层组织(如渗碳层,脱碳层)的试样,则不能将边缘磨圆,这种试样最好进行镶嵌后再磨制。

细磨是消除粗磨时产生的磨痕,为试样磨面的抛光做好准备。粗磨平的试样经清水冲洗并吹干后,随即把磨面依次在由粗到细的各号金相砂纸上磨光。常用的砂纸号数有 01、02、03、04 号 4 种,号小者磨粒较粗,号大者磨粒较细。磨制时砂纸应平铺于厚玻璃板上,左手按住砂纸,右手握住试样,使磨面朝下并与砂纸接触,在轻微压力作用下把试样向前推磨,用力要均匀,务求平稳,否则会使磨痕过深,且造成试样磨面的变形。试样退回时不能与砂纸接触,这样"单程单向"地反复进行,直至磨面上旧的磨痕被去掉,新的磨痕均匀一致为止。在调换下一号更细的砂纸时,应将试样上磨屑和砂粒清除干净,并转动 90°角,使新、旧磨痕垂直。

金相试样的磨光除了要使表面光滑平整外,更重要的是应尽可能减少表层损伤。每一道磨光工序必须除去前一道工序造成的变形层(至少应使前一道工序产生的变形层深度减少到本道工序产生的变形层深度),而不是仅仅把前一道工序的磨痕除去;同时,该道工序本身应尽可能减少损伤,以便进行下一道工序。最后一道磨光工序产生的变形层深度应非常浅,应保证能在下一道抛光工序中除去。

磨制铸铁试样时,为了防止石墨脱落或产生曳尾现象,可在砂纸上涂一薄层石墨或肥皂作为润滑剂。磨制软软的有色金属试样时,为了防止磨粒嵌入软金属内和减少磨面的划损,可在砂纸上涂一层机油、汽油、肥皂水溶液或甘油水溶液作为润滑剂。

金相试样还可以用机械磨制来提高磨制效率。机械磨制是将磨粒粗细不同的水砂纸装在预磨机的各磨盘上,一边冲水,一边在转动的磨盘上磨制试样磨面。配有微型计算机的自动磨光机可以对磨光过程进行程序控制,整个磨光过程可以在数分钟内完成。

3) 抛光

抛光的目的是为去除金相磨面上因细磨而留下的磨痕,使之成为光滑、无痕的镜面。金相试样的抛光可分为机械抛光、电解抛光、化学抛光三类。机械抛光简便易行,应用范围较广。

(1) 机械抛光:机械抛光是在专用的抛光机上进行的,抛光机主要是由电动机和抛光圆盘(Φ200~Φ300 mm)组成,抛光盘转速为 200~600 r/min 以上。抛光盘上铺以细帆布、呢绒、丝绸等。抛光时在抛光盘上不断滴注抛光液。抛光液通常采用 Al_2O_3、MgO 或 Cr_2O_3 等细粉末(粒度为 0.3~1 μm)在水中的悬浮液。机械抛光就是靠极细的抛光粉末与磨面间产生相对磨削和液压作用来消除磨痕的。操作时将试样磨面均匀地压在旋转的抛光盘上,并沿盘的边缘到中心不断作径向往复运动。抛光时间一般为 3~5 min。抛光后的试样,其磨面应光亮无痕,且石墨或夹杂物等不应抛掉,不应有拖尾现象。这时,试样先用清水冲洗,再用无水酒精清洗磨面,最后用吹风机吹干。

(2) 电解抛光:电解抛光是利用阳极腐蚀法使试样表面变得平滑光亮的一种方法。将试样浸入电解液中作阳极,用铝片或不锈钢片作阴极,使试样与阴极之间保持一定距离(20~30 mm),接通直流电源。当电流密度足够时,试样磨面即由于电化学作用而发生选择性溶解,从而获得光滑平整的表面。这种方法的优点是速度快,只产生纯化学的溶解作用而无机械力的影响,因此,可避免在机械抛光时可能引起的表层金属的塑性变形,从而能更确切地显示真实的金相组织。但电解抛光操作时工艺规程不易控制。

(3) 化学抛光:化学抛光的实质与电解抛光类似,也是一个表层溶解过程。它是一种将化学试剂涂在试样表面上几秒至几分钟,依靠化学腐蚀作用使表面发生选择性溶解,从而得到光滑平整的表面的抛光方法。

4) 组织显示

经抛光后的试样若直接放在显微镜下观察,只能看到一片亮光,除某些非金属夹杂物(如 MnS 及石墨等)外,无法辨别出各种组成物及其形态特征,必须使用浸蚀剂对试样表面进行"浸蚀",才能清楚地看到显微组织的真实情况。钢铁材料最常用的浸蚀剂为 3%～4% 硝酸酒精溶液或 4% 苦味酸酒精溶液。

由于金属中合金成分和组织的不同,造成腐蚀能力的差异,腐蚀后使各组织间、晶界和晶内产生一定的衬度,使金属组织得以显示。常用的金相组织显示方法有化学浸蚀法、电解浸蚀法、特殊显示法,其中化学浸蚀法最为常用。

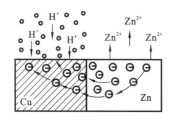

图 6-7　Cu-Zn 微电池原理示意图

化学浸蚀法的主要原理是利用浸蚀剂对试样表面的化学溶解作用或电化学作用(即微电池原理,见图 6-7)来显示组织。对于纯金属单相合金来说,浸蚀是一个纯化学溶解过程。由于金属及合金的晶界上原子排列混乱,并有较高的能量,故晶界处容易被浸蚀而呈现凹沟。同时,由于每个晶粒原子排列的位向不同,表面溶解速度也不一样,因此,试样浸蚀后会呈现轻微的凹凸不平,在垂直光线的照射下将显示出明暗不同的晶粒。对于两相以上的合金而言,浸蚀主要是一个电化学腐蚀过程。由于各组成具有不同的电极电位,试样浸入浸蚀剂中就在两相之间形成无数对"微电池"。具有负电位的一相成为阳极,被迅速浸入浸蚀剂中形成凹洼;具有正电位的另一相则为阴极,在正常电化学作用下不受浸蚀而保持原有平面。当光线照射到凹凸不平的试样表面时,由于各处对光线的反射程度不同,在显微镜下就能看到各种不同的组织和组成相。

浸蚀方法是将试样磨面浸入浸蚀剂中,或用棉花蘸上浸蚀剂擦拭试样表面。浸蚀时间要适当,一般试样磨面发暗时就可停止。如果浸蚀不足,可重复浸蚀。浸蚀完毕后,立即用清水冲洗,接着用酒精冲洗,最后用吹风机吹干。这样制得的金相试样即可在显微镜下进行观察和分析研究。如果浸蚀过度,试样需要重新抛光,甚至还需在 04 号砂纸上进行磨光,再去浸蚀。

6.5.2　激光熔覆层的微观形貌

激光熔覆层的显微组织大致分为三种状态:正常熔化、临界熔化、不充分熔化。其表面一般呈波纹状,其波纹向光束扫描方向弯曲,具有大致相等的间距。

激光熔覆层的显微组织形貌取决于熔覆合金的成分和冷却条件。如图 6-8(a)所示是扫描电镜(SEM)下拍摄的 316L 不锈钢表面激光熔覆钴基合金(钴基合金粉末组分见表 6-4)熔覆层的显微组织,从图中可以很明显的看到激光熔覆层的熔覆层、过渡区、基体的分布情况。其中熔覆层组织呈细条状垂直于基体分布,晶粒均匀细小。图6-8(b)为能谱分析图,激光熔覆前,粉末中Co基合金粉末的Co含量约为60%,而图中显示的Co元素的质量百分比仅为5.94%,同时,Fe元素的含量由之前的1.85%增加到61.26%,说明在激光融覆过程中,熔化的粉末与不锈钢基体材料发生了较大的对流和扩散。

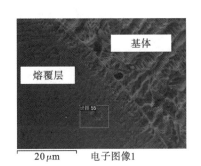

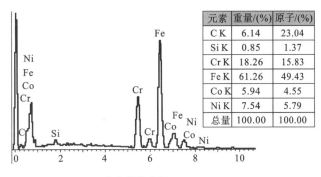

元素	重量/(%)	原子/(%)
C K	6.14	23.04
Si K	0.85	1.37
Cr K	18.26	15.83
Fe K	61.26	49.43
Co K	5.94	4.55
Ni K	7.54	5.79
总量	100.00	100.00

(a)熔覆层显微组织　　　　　　　　　(b)能谱分析

图 6-8　316L 不锈钢表面激光熔覆钴基合金熔覆层的显微组织及能谱分析图

表 6-4　钴基合金粉末组分

化学成分(重量/(%))	C	Cr	Si	Ni	W	Fe	Mn	Mo	Co
钴基合金	1.09	29.21	1.06	2.38	4.10	1.85	0.09	0.25	Bal

6.5.3　激光熔覆层的性能测试

1. 硬度测试

1)基本概念

硬度是物理学专业术语,代表材料局部抵抗硬物压入其表面的能力。固体对外界物体入侵的局部抵抗能力,是比较各种材料软硬的指标。由于规定了不同的测试方法,所以有不同的硬度标准。各种硬度标准的力学含义不同,相互之间不能直接换算,但可通过试验加以对比。

2)分类

(1)划痕硬度。主要用于比较不同矿物的软硬程度,方法是选一根一端硬一端软的棒,将被测材料沿棒划过,根据出现划痕的位置确定被测材料的软硬。定性地说,硬物体划出的划痕长,软物体划出的划痕短。

(2)压入硬度。主要用于金属材料,方法是用一定的载荷将规定的压头压入被测材料,以材料表面局部塑性变形的大小比较被测材料的软硬。由于压头、载荷以及载荷持续时间的不同,压入硬度有多种,主要分为布氏硬度、洛氏硬度、维氏硬度和显微硬度等几种。

(3)回跳硬度。主要用于金属材料,方法是使一特制的小锤从一定高度自由下落冲击被测材料的试样,并以试样在冲击过程中储存(继而释放)应变能的多少(通过小锤的回跳高度

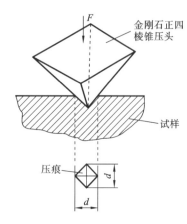

图 6-9 显微硬度法原理

测定)确定材料的硬度。

3）显微硬度测试

当前激光熔覆一次送粉涂覆厚度最大为 2.0 mm,而在极限作业情况下,得到的激光熔覆层质量较差,且考虑到熔覆后,熔覆层的厚度也会相应变薄。对如此"薄"的激光熔覆层的硬度的精确测试,最适宜的方法为显微硬度法(见图 6-9)。

显微硬度是一种压入硬度,反映被测物体对抗另一硬物体压入的能力。测量的仪器是显微硬度计,它实际上是一台设有加负荷装置且带有目镜测微器的显微镜。测定之前,先要将待测磨料制成反光磨片试样,置于显微硬度计的载物台上,通过加负荷装置对四棱锥形的金刚石压头加压。负荷的大小可根据待测材料的硬度不同而增减。金刚石压头压入试样后,在试样表面上会产生一个凹坑。把显微镜十字丝对准凹坑,用目镜测微器测量凹坑对角线的长度。根据所加负荷及凹坑对角线长度就可计算出所测物质的显微硬度值。

2. 耐磨性测试

材料的耐磨损性能,用磨耗量或耐磨指数表示。耐磨性又称耐磨耗性。耐磨性几乎和材料所有性能都有关系,而且在不同磨耗机理条件下,为提高耐磨性对材料性能亦有不同要求,在实际生产和实验中,可根据激光熔覆层的成分及应用领域,合理的选择耐磨性测试方法。

1）耐磨性的测试方法

（1）失重法:采用化学天平测试,取平均值;特点是灵敏度高,试样要清洗干净保持干燥。

（2）尺寸变化侧重法:使用卡尺,测微仪,气动传感器,光学干涉仪等仪器进行测试;特点是操作简单,但是测定比较困难。

（3）表面形貌测定法:使用表面粗糙度仪进行测试,局部测量取平均数值;特点是测定的是绝对值。

（4）刻痕法:使用显微镜和硬度计,进行局部测量;特点是沿压痕深度测量。

（5）同位素测定方法:进行照相,使用计数器;特点是连续记录,敏感,对入体有损,需采用保护装置。

2）影响耐磨性能的因素

（1）硬度。金属材料的耐磨性可以由材料的硬度来衡量。这主要是因为材料的硬度反映了材料抵抗物料压入表面的能力,硬度高物料压入材料表面的深度就越浅,切削产生的磨削体积就越小,即磨损也越小,耐磨性越好。因此,导致材料硬度提高的金属组织,一般也能提高材料的耐磨性。但是,由于材料的成分和组织有差别,材料组织可能不适应某一种特定的磨损条件,硬度大小不能成为比较材料耐磨性的充分基础。

（2）互溶性。密排六方点阵金属材料,即使摩擦面在非常干净的情况下,其摩擦因数仍为 0.2～0.4,磨损率也较低。钻就属于这种典型的材料,因此钻可以作为硬度高的耐磨合金的重要组成元素。冶金上互溶较差的一对金属摩擦副可以获得较低的摩擦因数和磨损率。如与钢形成一对摩擦副的材料在铁中的溶解度很小,或者这种材料是一种金属间化合物,则这对摩擦副表面的耐磨性就较好。

（3）温度。温度主要是通过对硬度、晶体结构的转变、互溶性以及增加氧化速率的影响来改变金属材料的耐磨性的。金属的硬度通常随温度的上升而下降,所以温度升高,磨损率增加。某些摩擦零件（如高温轴承、刀具）就要求采用热硬性高的材料。材料成分应含有钴、铬和钼等合金元素。摩擦副的互溶性可以看做是温度的函数,如果温度上升,则材料易于互溶,影响材料的磨损率。此外,温度的升高对提高氧化速度起着促进作用,对生成氧化物的种类有显著影响,所以对膜层金属的磨损性能也有重要的作用。

（4）塑性和韧性。塑性和韧性高说明材料可吸收的能量大,裂纹不易形成和扩展,材料承受反复变形能力大,不易形成疲劳剥落,即耐磨性好。试验表明,硬度相同的不同材料其耐磨性是有差异的。同样,韧性相同的不同材料耐磨性也不相同。如淬火态试样和淬火＋回火的试样相比较,硬度可能相当,但由于韧性不同而造成耐磨性的不同。如果耐磨材料的显微组织相同,则可以以硬度的高低来衡量耐磨性的高低。

（5）强度。磨损过程中,金属基体强度高,可以对抗磨硬质相提供良好的支撑,充分发挥抗磨硬质相抵抗磨损的能力,使耐磨材料表现出优异的耐磨性,在相同硬度下,高强度耐磨材料具有更好的耐磨性。

（6）夹杂物等冶金缺陷。钢中的非塑性夹杂物等冶金缺陷,对疲劳磨损有严重的影响。如钢中的氮化物、氧化物、硅酸盐等带棱角的质点,在受力过程中,其变形不能与基体协调而形成空隙,构成应力集中源,在交变应力作用下出现裂纹并扩展,最后导致疲劳磨损早期的出现。因此,选择含夹杂物少的钢（如轴承常用净化钢）,对提高摩擦副抗疲劳磨损的能力有重要的意义。在某些情况下,铸铁的抗疲劳磨损能力优于钢,这是因为钢中微裂纹受摩擦力的影响具有一定的方向性,且也容易渗入油而扩展;而铸铁基体组织中含有石墨,裂纹沿石墨发展且没有方向性,润滑油不易渗入裂纹。

（7）表面粗糙度。在接触应力一定的条件下,表面粗糙度值越小,抗疲劳磨损能力越高。当表面粗糙值小到一定值后,对抗疲劳磨损能力的影响将减小。

3. 耐蚀性测试

当前激光熔覆层常用的耐蚀性测试方法主要以熔覆层的点蚀测试试验为主。常用的方法有如下几种,在测试过程中,可根据熔覆层合金的耐蚀性选择适当的测试方法。

（1）化学浸泡:采用含有 Cl^- 的溶液将材料浸泡一段时间后取出,通过测量浸泡后材料腐蚀的蚀坑深度和数目、临界点蚀温度和质量损失等评定材料的耐点蚀性能。不同的材料,浸泡液的浓度与成分会不同,浸泡时间有所不同,耐点蚀性能的评价标准也不尽相同,需要根据试验目的制定合适的化学浸泡方法。

（2）极化曲线:从动电位极化曲线上获得的点蚀电位 E_b 和保护电位 E_p 是评定材料耐点蚀性能的重要参数。测量阳极极化曲线时,点蚀的发生会在到达某一电位时,产生电流快速增大的现象,此时的电位即为点蚀电位 E_b;逆向扫描时,两条极化曲线的交点的电位即为保护电位 E_p。E_b 和 E_p 可以用来评价材料的耐点蚀能力,点蚀电位 E_b 值越高,表明材料的耐点蚀性能越好。

（3）电化学阻抗谱：电化学阻抗谱（EIS）是一种以小振幅正弦波电信号为扰动源的电化学测量方法。EIS具有测量频率范围宽、对测试系统干扰小的特点，通过电化学阻抗谱可以对孔蚀的产生、发展和终止过程进行分析。

6.6　熔覆层的缺陷及处理对策

1. 气孔

在钛合金激光熔覆层中气孔是有害的缺陷（见图6-10），不仅易成为熔覆层中的裂纹源，并且对要求气密性很高的熔覆层也有危害，还直接影响熔覆层的耐磨、耐蚀性能。气孔产生的原因主要是涂层在激光熔覆以前氧化、受潮或在高温下发生氧化反应，在熔覆过程中会产生气体。激光熔覆是一个快速熔化和凝固的过程，产生的气体如果来不及排出，就会在熔覆层中形成气孔。例如，多道搭接熔覆中的搭接孔洞、熔覆层凝固收缩时的凝固孔洞以及熔覆过程中某些物质蒸发带来的气泡。

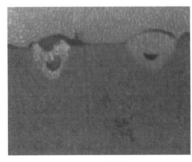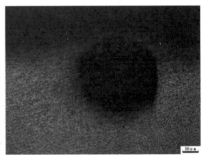

（a）宏观微孔　　　　　　　　（b）微观球形气孔

图 6-10　激光熔覆层中的气孔示例

一般说来，激光熔覆层中的气孔是难以避免的，但与热喷涂层相比，激光熔覆层的气孔明显减少。在激光熔覆过程中可以采取措施控制气孔的形成，常用的方法是严格防止合金粉末储运中的氧化、使用前烘干去湿以及激光熔覆时采取防氧化的保护措施、选择合理的激光熔覆工艺参数等。

2. 裂纹及开裂

钛合金激光熔覆中棘手的问题是熔覆层的微裂纹与开裂（图6-11）。激光熔覆裂纹产生的主要原因是由于熔覆材料和钛合金在物理性能上存在差异，加之高能密度激光光束的快速加热和急冷作用，使钛合金熔覆层中产生很大的热应力。通常情况下激光熔覆层的热应力为拉应力，当局部拉应力超过熔覆层材料的强度极限时，就会产生裂纹。由于激光熔覆层的枝晶界、气孔、夹杂处强度较低且易于产生应力集中，微裂纹往往在这些地方产生。

在激光熔覆材料方面，可以在熔覆层中加入低熔点的合金，以减缓熔覆层中的应力集中，降低裂纹产生和开裂倾向；在激光熔覆层中加入适量的稀土可以增加熔覆层韧度，使激光熔覆过程中熔覆层裂纹明显减少。

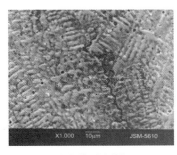
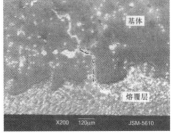
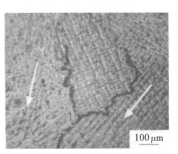

（a）熔覆层裂纹　　　　　（b）基体裂纹　　　　　（c）搭接区裂纹

图 6-11　激光熔覆层中的裂纹

3. 成分偏析

在钛合金激光熔覆过程中会产生成分不均匀，即所谓成分偏析以及由此带来的组织不均匀。产生成分偏析的原因很多，钛合金激光熔覆加热速度极快会带来从基体到熔覆层方向上很大的温度梯度，导致冷却时熔覆层的方向性凝固，使熔覆层中成分不同。加之凝固后冷却速度极快，元素来不及均匀化，导致成分不均匀，也引起组织的不均匀。由于激光辐射能量的分布不均匀，熔覆时引起熔池对流，这种熔池对流造成熔覆层中合金元素宏观均匀化，因为熔池中物质的传输主要靠液体流动（即对流）来实现，熔池对流也带来成分的微观偏析。

合金的性质，如黏度、表面张力及合金元素之间的相互作用，都会对熔池的对流产生影响，也对成分偏析造成影响。完全消除激光熔覆中的成分偏析是很难办到的，但可通过调整激光与熔覆金属的相互作用时间或调整激光光束类型、改变熔池整体对流为多微区对流等手段，抑制激光熔覆层的成分偏析，得到组织较为均匀的熔覆层。多道搭接熔覆时，由于搭接区冷却速率以及被搭接处有非均质结晶形核，搭接区出现与非搭接区不同的组织结构，使多道搭接激光熔覆层中的组织不均匀。

复习思考题

1. 简述激光熔覆的机理及特点。
2. 前处理不当会对激光熔覆层的性能产生何种影响？
3. 简述激光熔覆层的结构。
4. 对比堆焊、电镀传统工艺，试分析激光熔覆的优劣势。
5. 在激光熔融施工过程中，通过哪些技术手段能够尽可能消除得到熔覆层中的氧化夹杂？
6. 熔覆层的性能检测过程中，应注意哪些问题？

激光 3D 打印技术

近年来,3D打印、3D打印机还有3D打印技术等与三维实体打印相关的词汇,已被人们熟知和理解。一方面,3D打印技术的发展前景被科技界普遍看好;另一方面,3D打印机的一些用途,也开始被普通大众所了解。种种迹象表明,3D打印技术的普及应用,已与我们的生活越来越近了。

7.1　激光 3D 打印技术概述

7.1.1　3D 打印概述

3D打印(3D printing),学术名称为增材制造,又称快速成形,出现在 20 世纪 90 年代中期,它是一种以数字模型文件为基础,运用粉末状金属或塑料等可黏合材料,通过逐层打印的方式来构造物体的技术。

3D打印与日常生活中常见的普通打印工作原理基本相同,都是打印机内装有液体或粉末等"打印材料",与电脑连接后,通过电脑控制把"打印材料"一层一层叠加起来,最终把计算机上的蓝图变成实物。

与市场上多数普通打印机只能打印二维的薄纸相比,3D打印机(见图7-1)可以直接打印三维的产品(见图7-2)。

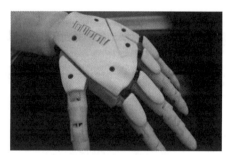

图 7-1　3D 打印设备　　　　　　　图 7-2　3D 打印的产品

与传统制造业的"减材制造技术"不同,3D 打印遵从的是加法原则,可以直接将计算机中的设计转化为模型,直接制造零件或产品,不再需要传统的刀具、夹具或机床。3D 打印技术的主要优势在于能实现设计制造一体化、降低制造费用、缩短加工周期。

3D 打印技术起初主要在模具制造、工业设计等领域,被用于制造模型,目前已广泛应用于产品的直接制造,在珠宝、鞋类、工业设计、建筑、工程和施工(AEC)、汽车,航空航天、牙科和医疗产业、教育、地理信息系统、土木工程、枪支以及其他领域都有所应用。

7.1.2 3D 打印技术发展历史

1. 国外 3D 打印发展史

1986 年,美国人查尔斯(Charles Hull)开发了第一台商业 3D 印刷机。

1988 年,斯科特·克伦普发明了熔融沉积成形技术(FDM)。

1991 年,Helisys 售出第一台叠层法快速成形(LOM)系统。

1993 年,美国麻省理工学院获 3D 印刷技术专利。

1995 年,美国 ZCorp 公司从麻省理工学院获得唯一授权并开始开发 3D 打印机。

2005 年,市场上首个高清晰彩色 3D 打印机 Spectrum Z510(见图 7-3)由 ZCorp 公司研制成功。

2008 年,Objet Geometries 公司推出其革命性的 Connex500™快速成形系统,它是有史以来第一台能够同时使用几种不同打印原料的 3D 打印机。

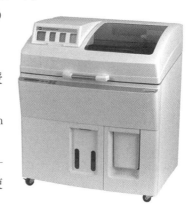

图 7-3 Spectrum Z510

2010 年 11 月,世界上第一辆由 3D 打印机打印而成的汽车 Urbee(见图 7-4)问世。

2011 年 7 月,英国研究人员开发出世界上第一台 3D 巧克力打印机。

2011 年 8 月,英国南安普顿大学的工程师们开发出世界上第一架 3D 打印无人机(见图 7-5)。

图 7-4 3D 打印汽车 Urbee

图 7-5 3D 打印无人机

英国南安普顿大学工程师设计并制造了世界上第一架 3D 打印无人机,除了马达之外,所有的部件都是使用 3D 打印机技术打印出来的。这个无人小飞机翼展 6.5 英尺,最高时速可达 100 英里/时,并且在飞行时几乎不发出任何声音(起飞时还是有些声音的,平稳后声音较小)。

2012 年 11 月,苏格兰科学家利用人体细胞首次用 3D 打印机打印出人造肝脏组织(见图 7-6)。

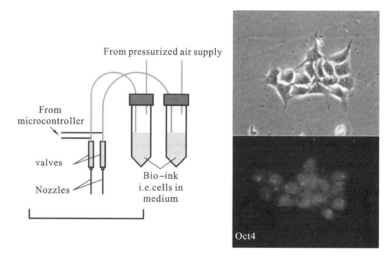

图 7-6　细胞打印系统方案图

2013 年 10 月,全球首次成功拍卖一款名为"ONO 之神"的 3D 打印艺术品(见图 7-7)。

2013 年 11 月,美国德克萨斯州奥斯汀的 3D 打印公司"固体概念"(SolidConcepts)设计制造出 3D 打印金属手枪(见图 7-8)。

图 7-7　3D 打印艺术品

图 7-8　3D 打印枪支

2017 年 1 月 16 日,科技公司 Bellus 3D 可完整拍下高分辨率的人脸 3D 照片,利用这些照片进行 3D 打印得到的面具与真正的人脸相差无几。

2017 年 4 月 7 日,德国运动品牌阿迪达斯(adidas)推出了全球首款鞋底由 3D 打印制成的运动鞋,计划 2018 年开始批量生产,以应对快速变化的时尚潮流,生产更多定制产品。

2. 中国 3D 打印发展史

我国从 1994 年开始研究 3D 立体打印技术,北京隆源自动成形系统公司于 1995 年成功研发了一台 AFS 激光快速成形机,随后华中科技大学也研制出了 SLS 快速成形机。尽管我国 3D 立体打印技术与国外相比起步较晚,但后来者居上,我国已有部分技术处于世界先进水平,部分国产设备达到了欧美发达国家水平。全球 3D 打印设备及服务产值各地区比重如图 7-9 所示。

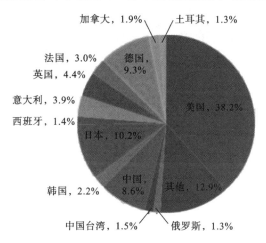

图 7-9　全球 3D 打印设备及服务产值各地区比重

我国快速成形制造设备制造商主要有北京殷华、北京隆源、西安恒通、武汉滨湖、南京紫金立德、湖南华署等。快速制造服务中心有中山汉信、西安交大国家快速制造工程研究中心、宁波合创公司、苏中秉创公司、杭州先临三维、上海美唐机电等,目前已有 100 多家。

相关研究机构(见图 7-10)有清华大学、西安交通大学、华中科技大学、北京航空航天大学、西北工业大学、中航工业北京航空制造工程研究所等,西安交通大学至今已开发出 5 个品种、11 个系列产品。

学校	研究方向	知名教授	产业化
清华大学	LOM、SLA 设备	颜永年教授	北京殷华
华中科技大学	SLS、MC 设备	史玉升教授	滨湖机电
西安交通大学	SL 设备及材料	卢秉恒教授	西安恒通
北京航空航天大学	SLS 设备	王华明教授	中航重机激光
华南理工大学	SL 材料		北京隆源
南京航空航天大学	SLS 工艺		
上海交通大学	RMC		

图 7-10　国内快速成形系统的主要科研机构

经过近 20 年的研发,我国的 3D 立体打印设备不断取得突破,华中科技大学史玉升教授研究团队开发的 1.2 m×1.2 m 3D 立体打印机(见图 7-11),是目前世界上成形空间最大的快速成形制造设备,远远超过国外同类设备水平,获得了 2011 年国家技术发明二等奖。

图 7-11　史玉升教授和他研制的 3D 打印机

西安交通大学机械制造系统工程国家重点实验室是我国最早研发 3D 打印技术的单位之一,他们所研发的活体骨骼 3D 打印使多孔生物学固定表面制造的瓶颈迎刃而解,已经成为世界生物制造研究的新方向。

2001 年,西安交通大学研发团队研发了以 CT 图像为数据源的三维设计方法及基于 3D 打印的植入体定制化制造系统,并开展临床应用,有效地解决了缺损骨的宏观结构匹配与修复。

2012 年 10 月 15 日,在工信部原材料司、工信部政策法规司的支持下,亚洲制造业协会联合华中科技大学史玉升教授、中航天地激光科技有限公司等科研单位和企业共同发起成立了全球首家 3D 打印产业联盟——中国 3D 打印技术产业联盟(网址:http://cn.world3dassociation.com/)。

中国 3D 打印技术产业联盟的成立,标志着我国从事 3D 打印技术的科研机构和企业从此改变"单打独斗"的不利局面,有利于整合行业资源,集中展示我国 3D 打印技术的良好形象,也便于加强与政府或国际间的广泛交流。

7.2　激光 3D 打印技术介绍及分类

在 3D 打印过程中采取了激光打印的技术,就可以称为激光 3D 打印技术。

按照工作原理来划分,激光 3D 打印技术有很多种类型,比如利用激光对液态树脂材料进行固化,简称光固化成形(SLA);利用激光对粉末材料进行烧结,简称选择性激光烧结成形(SLS);利用激光对粉末材料进行熔化,简称选择性激光熔化成形(SLM);利用激光对薄层材料进行切割,简称分层实体成形(LOM);还有将快速成形(RP)技术和激光熔覆技术(LC)相结合的激光直接制造技术(DLF),等等。

7.2.1　光固化成形(SLA)技术

1. 光固化成形(SLA)基本流程

光固化成形(stereo lithography apparatus,简称 SLA)技术,又称为立体光刻成形技术,是一种基于三维模型,以液体光敏树脂为原料,通过控制激光使光敏树脂选择性逐层固化的3D打印技术。

光固化成形(SLA)技术是最早发展起来的激光3D打印技术,也是目前研究最深入、技术最成熟、应用最广泛的3D打印技术之一。

光固化成形原理:在液槽容器中盛满液态光敏树脂,可升降的工作台处于液面下一个截面层厚的高度,聚焦后的激光光束在计算机的控制下,按照截面轮廓的要求,沿液面进行扫描,使被扫描区域的树脂在紫外激光光束的照射下快速固化,从而得到该截面轮廓的塑料薄片。然后,工作台下降一层薄片的高度,已固化的塑料薄片就被一层新的液态树脂所覆盖,以便进行第二层激光扫描固化,新固化的一层牢固地黏结在前一层上,如此重复,直到整个产品成形完毕。最后升降台升出液体树脂表面,即可取出工件,进行清洗和表面光洁处理。光固化成形基本流程见图7-12。

2. 光固化成形(SLA)的主要特点

光固化成形(SLA)技术适合制作中小形工件,能直接得到塑料产品(见图7-13),主要用于概念模型的原形制作,或用来做装配检验和工艺规划。它还能代替腊模制作浇铸模具,以及作为金属喷涂模、环氧树脂模和其他软模的母模,是目前较为成熟的3D打印工艺。

液态光敏树脂选择性固化

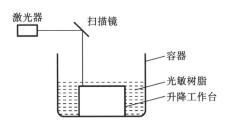

图 7-12 光固化成形基本流程

图 7-13 光固化成形产品

1) 光固化成形(SLA)技术的优点

(1) 成形速度较快;

(2) 系统工作相对稳定;

(3) 尺寸精度较高,可确保工件的尺寸精度在 0.1 mm(国内 SLA 精度在 0.1～0.3 mm之间,并且存在一定的波动性);

(4) 表面质量较好,工件的最上层表面很光滑,侧面可能有台阶不平及不同层面间的曲面不平;比较适合做小工件及较精细工件。

2) 光固化成形(SLA)技术的不足

(1) 需要专门的实验室环境,维护费用高昂;

(2) 成形件需要进行后处理,二次固化,防潮处理等工序;

(3) 光敏树脂固化后较脆,易断裂,可加工性不好,工作温度不能超过 100 ℃,成形件易吸湿膨胀,抗腐蚀能力不强;

(4) 氦-镉激光管的寿命仅 3000 h,价格较昂贵。同时需对整个截面进行扫描固化,成形时间较长,因此制作成本相对较高;

（5）光敏树脂对环境有污染，会使皮肤过敏；

（6）需要设计工件的支撑结构，支撑结构未完全固化时需要手工去除，容易破坏成形件。

7.2.2 选择性激光烧结成形(SLS)技术

1. 选择性激光烧结成形(SLS)基本流程

选择性激光烧结，是一种采用激光器，通过扫描镜对粉末状材料进行逐层打印来构造物体的 3D 打印技术。

选择性激光烧结成形(SLS)技术由美国德克萨斯大学提出，于 1992 年开发了商业成形机。

选择性激光烧结成形(SLS)原理：如图 7-14 所示，利用粉末材料在激光照射下烧结的原理，由计算机控制层层堆积成形。SLS 技术同样是使用层叠堆积成形，所不同的是，它首先铺一层粉末材料，将材料预热到接近熔点，再使用激光在该层截面上扫描，使粉末温度升至熔化点，然后烧结形成黏接，接着不断重复铺粉、烧结的过程，直至完成整个模型成形。

成形具体过程：成形设备如图 7-15 所示，在开始加工之前，先将充有氮气的工作室升温，并保持在粉末的熔点以下。成形时，送粉缸上升，铺粉辊移动，先在工作平台上铺一层粉末材料，然后激光光束在计算机控制下按照截面轮廓对实心部分所在的粉末进行烧结，使粉末烧结继而形成一层固体轮廓。第一层烧结完成后，工作台下降一截面层厚的高度，再铺上一层粉末，进行下一层烧结，如此循环，形成三维的原形零件。最后经过 5～10 h 冷却，即可从粉末缸中取出零件。

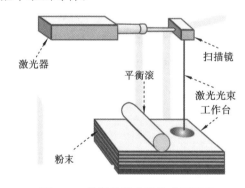

图 7-14　选择性激光烧结成形原理

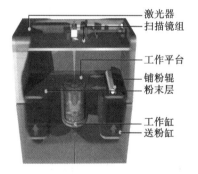

图 7-15　激光烧结成形设备

2. 选择性激光烧结成形(SLS)的主要特点

选择性激光烧结成形(SLS)工艺适合成形中小形零件，能直接成形塑料、陶瓷或金属零件，零件的翘曲变形比光固化成形工艺要小。但这种工艺仍需对整个截面进行扫描和烧结，加上工作室需要升温和冷却，成形时间较长。此外，由于受到粉末颗粒大小及激光点的限制，零件的表面一般呈多孔性。在烧结陶瓷、金属与黏接剂的混合粉并得到原形零件后，须将它置于加热炉中，烧掉其中的黏接剂，并在孔隙中渗入填充物，其后处理复杂。

选择性激光烧结成形(SLS)工艺适合于产品设计的可视化表现和制作功能测试零件。由于它可采用各种不同成分的金属粉末进行烧结、渗铜等后处理，因而其制成的产品可具有与金属零件相近的机械性能,故可用于制作 EDM 电极、直接制造金属模具以及进行小批量零件生产。

1) 选择性激光烧结成形(SLS)技术的优点

(1) 可以采用多种原料,包括类工程塑料、蜡、金属、陶瓷等;

(2) 零件的构建时间较短;

(3) 无需设计和构造支撑;

(4) 成品精度好、强度高,可以直接或间接烧结金属零件,最终成品的强度一般优于其他 3D 打印技术。

2) 选择性激光烧结成形(SLS)技术的不足

(1) 准备时间较长。在加工前,要花近 2 h 的时间将粉末加热到熔点以下,当零件构建之后,还要花 5~10 h 冷却,然后才能将零件从粉末缸中取出;

(2) 成形件表面质量较差,表面的粗糙度受粉末颗粒大小及激光光斑的限制;

(3) 零件的表面多孔性,为了使表面光滑必须进行渗蜡等后处理。在后处理中难于保证制件尺寸精度,且后处理工艺复杂;

(4) 制造和维护成本非常高,普通用户无法承受,所以应用范围主要集中在高端制造领域,目前尚未有桌面级 SLS 3D 打印机开发的消息,要进入普通民用领域,可能还需要一段时间。

7.2.3　选择性激光熔化成形(SLM)技术

1. 选择性激光熔化成形(SLM)基本流程

SLM 是利用金属粉末在激光光束的热作用下完全熔化经冷却凝固而成形的一种技术。其系统见图 7-16。

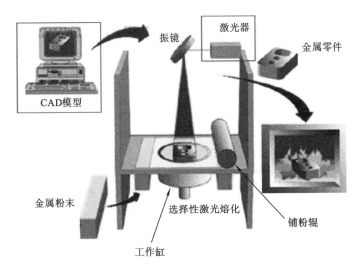

图 7-16　SLM 系统

选择性激光熔化成形(SLM)原理:如图7-17所示,先利用铺粉辊或刮板在工作台上均匀地铺上一层很薄的金属粉末,在这个均匀的粉末层上,激光在计算机的控制下按照已经分层的三维模型的第一层信息进行选择性激光熔化,被熔化的粉末冷却后固化在一起形成零件的实体部分。一层粉末熔化完成后,工作缸下降一定的高度,同时送粉缸升高相应的高度,铺粉系统重新铺设一层金属粉末,激光光束开始新一层的熔化。如此循环,直到叠加堆积成三维实体零件。如图7-18所示为华南理工大学SLM成形的免组装万向节机构。

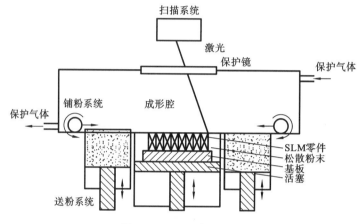

图 7-17 SLM 成形原理

图 7-18 华南理工大学 SLM 成形的免组装万向节机构

SLM成形的整个加工过程在抽真空或通有气体保护的加工室中进行,以避免金属在高温下与其他气体发生反应。

SLM技术的成形原理与前面讲到的SLS技术类似,都采用了离散-堆积原理,利用激光光束扫描金属粉末逐层叠加,形成所需要的零件。

不同的是:

第一,SLM是完全熔化,SLS是部分烧结。SLM成形的过程中,粉末材料与激光相互作用发生完全熔化,形成的微小熔池扩展到前一层金属中以及固化的周围金属中,在随后的冷却过程中,熔池的液态金属结晶,形成致密的冶金结合,由此生成的模型或零件的致密度可以接近100%。SLS是利用激光对粉末进行部分烧结和固化,粉末之间有一定的空隙,需要渗入树脂或蜡进行填充,提高其黏性和力学性能。

第二,相对于SLS技术,SLM所采用的是高功率密度的激光光束,所成形的零件具有较高的尺寸精度和较好的表面粗糙度。

第三,在 SLM 整个成形过程中,需要通入一定量的惰性气体以防止液态金属结晶过程中可能发生的氧化、氮化现象。而 SLS 技术中不需要气体保护。

第四,采用 SLM 技术成形的零件,可以直接使用,一般只需少量精加工或不加工,而 SLS 技术后处理较麻烦。

2. 选择性激光烧结成形(SLM)的主要特点

1) 选择性激光熔化成形(SLM)技术的优点

(1) 采用高功率密度激光光束,加工具有尺寸精度高(可达正负 0.1 mm)和表面粗糙度好(轮廓算术平均偏差 Ra 为 $30 \sim 50 \ \mu m$)的零件;

(2) 成形金属零件相对致密度几乎能达到 100%,机械性能优良,与锻造相当;

(3) 工艺材料选择广泛,单质金属粉末、复合粉末、高熔点难熔合金粉末等都可以作为加工材料,且利用率高(由于激光光斑直径很小,因此能以较低的功率熔化高熔点金属,使得用单一成分的金属粉末来制造零件成为可能,而且可供选用的金属粉末种类也大大拓展了。能采用钛粉、镍基高温合金粉末加工,解决了在航空航天中应用广泛的、组织均匀的高温合金零件复杂件加工难的问题;还能解决生物医学上组分连续变化的梯度功能材料的加工问题。);

(4) 可以方便迅速地制作出传统工艺方法难以制造甚至无法制造的复杂金属零件(如薄壁结构、封闭内腔结构、医学领域个性化需求的零件等),不需要铸造模型或锻造模具及其他工装设备。

2) 选择性激光熔化成形(SLM)技术的不足

(1) 设备昂贵,耗能高;

(2) 制造和维护成本非常高,普通用户无法承受,应用范围主要集中在高端制造领域,目前尚未有桌面级 SLM 3D 打印机开发的消息。

7.2.4　分层实体成形(LOM)技术

1. 分层实体成形(LOM)基本流程

分层实体成形技术,简称 LOM,又称叠层实体制造、或者薄形材料选择性切割,是利用激光器,对薄层材料(主要是纸质材料)进行切割成形的一种 3D 打印技术。

由于分层实体成形技术多使用纸材,成本低廉,制件精度高,而且制造出来的木质原形具有外在的美感和一些特殊的品质。因此,这种制造方法和设备自 1991 年问世以来,受到了较为广泛的关注。在产品概念设计可视化、装配检验、造形设计评估、熔模铸造、砂形铸造以及快速制模等方面得到了迅速应用。如图 7-19 所示为铸铁手柄 LOM 原形。

分层实体成形机(见图 7-20)主要由激光发生器、压辊(热黏压机构)、纸料(纸料的背面涂有热熔胶,方便将当前迭层与原来制作好的迭层或基底黏贴在一起)、材料存储及送进机构以及可升降工作台等组成。

成形基本流程:首先在工作台上制作基底,然后工作台下降到合适位置,送纸滚筒送进一个步距的纸材,工作台回升,热压滚筒滚压背面涂有热熔胶的纸材,将当前迭层与原来制作好的迭层或基底黏贴在一起,切片软件根据模型当前层面的轮廓控制激光器进行层面切割。然后重复之前的操作进行逐层制作,制作完毕后,再将多余废料去除,就可以得到我们所要的零件。

图 7-19 铸铁手柄 LOM 原形

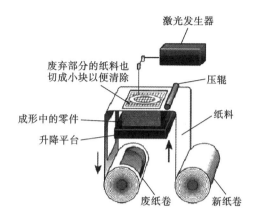

图 7-20 分层实体成形机内部结构简图

2. 分层实体成形(LOM)的主要特点

1) 分层实体成形(LOM)技术的优点

除了采用层层堆积、实现设计制造一体化等 3D 打印共有的这些优势以外,分层实体还有自己比较明显的优点:

(1) 原形制作成本低,分层实体的原材料主要是纸材;

(2) 可制作大尺寸原形。由于分层实体系统使用的纸基原材料有较好的黏接性能和相应的力学性能,可将超过成形设备限制范围的大工件优化分块,使每个分块制件的尺寸均保持在成形设备的成形空间之内,然后分别制造每个分块,把它们黏接在一起,合成所需大小的工件;

(3) 可实现切削加工。因为材料是纸,而纸的切削性能是比较好的,所以由纸做成的产品也可以实现切削加工,这是分层实体技术区别于其他 3D 打印技术的显著特点;

(4) 无需设计支撑结构。在制作过程中,由于下层的纸料自然成为上层的支撑,所以分层实体具有自支撑性,这是一些 3D 打印技术所不具备的。

2) 分层实体成形(LOM)技术的不足

(1) 原材料比较单一。理论上分层实体技术可以利用任何薄层材料,但由于技术、设备等原因,目前主要用材是纸;

(2) 因为纸的抗拉强度和弹性不好,所以工件的抗拉强度和弹性也不够好;

(3) 因为纸比较容易吸湿膨胀,所以由纸制作的工件也很容易吸湿膨胀;

(4) 因为分层实体是一层一层切割成形,所以工件表面有台阶纹,需打磨。

7.2.5 激光直接制造(DLF)技术

1. 激光直接制造(DLF)概念

激光直接制造技术,简称 DLF,是将快速成形(RP)技术和激光熔覆技术(LC)相结合,以激光为热源,以金属粉末为原料,逐层熔覆堆积,构造实体的一种直接制造技术。

激光直接制造技术是 20 世纪 90 年代中后期发展起来的一种先进制造技术,时至今日基本发展成熟,目前主要应用于塑料注射成形用模具的制造,以及航空、航天、武器装备领域零件的快速制造和修复。

激光直接制造系统(见图 7-21)主要由激光器单元、光学传输单元、送粉单元、数控单元以及辅助单元组成。

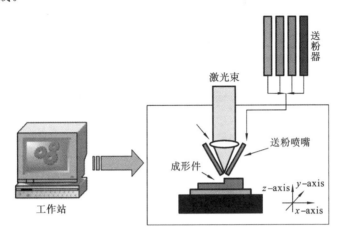

图 7-21 激光直接制造(DLF)系统

DLF 技术不同于 SLS、SLM 技术,其区别主要表现在两点:

1)粉末添加方式

DLF 技术:采用同轴或旁轴送粉的方式。

SLS、SLM 技术:采用粉料缸中压辊铺粉的方式。

2)聚焦光斑直径

DLF 技术中激光光束的聚焦光斑直径为毫米级(一般为零点几个毫米)。

SLS、SLM 技术中的聚焦光斑直径为微米级(一般为几十个微米),制造精度高一些。

2. 激光直接制造(DLF)技术的主要特点

1)激光直接制造(DLF)技术的优点

(1)成形材料几乎不受限制,这里所说的材料为金属材料,可以用传统铸造、锻压甚至机械加工等方法难以加工的材料,如钨、钛及钛铝基合金等;

(2)零件不同部位可以采用不同的化学成分进行制造,从而得到梯度功能材料或局部增强结构,实现零件材质和性能的最佳搭配;

(3)高能激光产生的快速熔化和凝固过程使激光制备材料组织致密,细小均匀,使得性能优越。

鉴于以上特点:本技术主要适用于形状复杂、性能要求很高的金属零部件的快速制造。

2)激光直接制造(DLF)技术的不足

DLF 技术已有二十多年的发展历程,总体上说无论是设备还是材料及工艺都取得了显著进步,但目前仍存在下列问题:

（1）成形效率低：DLF 技术中的光学传输单元不同于其他 3D 打印技术的传输单元；DLF 中采用传统硬光路，扫描效率低，成形效率也就低；

而 SLS、SLM 技术中采用振镜扫描，转换频率高，扫描效率高，成形效率也就高。

（2）成形精度低：在实际的加工过程中，激光功率和送粉速率等工艺参数常常是不稳定的，容易造成熔覆层宽度、厚度上的波动，造成一致均匀性差，也就限制了精度。

（3）粉末利用率低：由于熔覆过程中，粉末存在烧损、飞溅、气化等现象，使得添加粉末未全部进入熔池，因而粉末利用率较低。

（4）能量利用率低：金属材料对长波段的激光吸收率较低，随着波长的减小，吸收率有所增加，但总体上并不高，相应的能量利用率也就低。

采用长波段 CO_2 激光器成形铜铝合金时，吸收率一般为 2%～8%。

DLF 技术只要能够有效解决上述问题，再加上自身的优势，相信一定能够得到极大发展。

7.3　激光 3D 打印技术的发展

7.3.1　激光 3D 打印技术目前面临的问题

1. 耗材问题

耗材的局限性是 3D 打印不得不面对的现实。目前，激光 3D 打印的耗材非常有限，现有市场上的耗材多为石膏、无机粉料、光敏树脂、塑料等。如果真要"打印"房屋或汽车，光靠这些材料是远远不够的。耗材的缺乏，也直接关系到 3D 打印的价格。打印一件飞机零部件，某种样品的金属粉末耗材一斤就要卖 4 万元，所以 3D 打印样品至少要卖 2 万元。但是，如果采用传统的工艺去工厂开模打样，只需要几千元。

2. 产品精度

目前 3D 成形零件的精度及表面质量大多不能满足工程直接使用，不能作为功能性部件，只能做原形使用。以 Stratasys 公司 3D 打印的汽车为例，车子固然能"打印"出来，但从现有的技术来看，难以保证车辆长期正常运行；另外由于采用层层叠加的增材制造工艺，层和层之间的黏接再紧密，一般的激光 3D 打印产品也无法和传统模具整体浇铸而成的零件相媲美，这意味着在一定外力条件下，"打印"的部件很可能会散架。

3. 3D 打印产业链

一项单个技术的推广，如果不能构建起一个上下游结合的产业链，它的影响就是有限的。从全球范围看，中国的 3D 打印技术研发起步并不算太晚，目前在单项技术领域，甚至媲美英美等国。比如，在航空工业的钛合金激光打印技术上，北京航空航天大学王华明教授领导的团队在研发上就走在世界前列。

但整体来看，我国激光 3D 打印机技术与国际先进的技术相比还是有较大差距的。美国企业介入 3D 打印技术较多,研发实力较强,而中国只是几所大学在搞研发,没有创新力和产业链,技术研发集中在设备上,材料和软件没配套,各家都是"单打独斗"。另外,政府的支持力度也不够。在 20 世纪 90 年代中期,中国政府对 3D 打印技术大概支持了两三千万元,后来资金支持就断了,在 3D 打印技术上的投入很少,直到 2012 年才又重视起来。

7.3.2　激光 3D 打印技术的发展前景

2013 年 4 月,英国《经济学人》刊文认为,3D 打印技术将与其他数字化生产模式一起,推动"第三次工业革命"的实现。传统制造技术是"减材制造技术",3D 打印则是"增材制造技术"。与传统的制造技术相比,3D 打印具有加工成本低、生产周期短、节省材料等明显优势,从航空、动力装备到医疗、体育、影视等诸多领域(见图 7-22),均可大显身手。有专家认为,3D 打印作为一项颠覆性的制造技术,谁能够最大程度地研发、应用,就意味着谁掌握了制造业乃至工业发展的主动权。

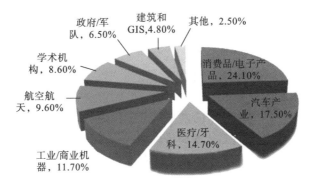

图 7-22　3D 打印应用领域分布图

事实上,在美英等国,3D 打印技术已有较为广泛的应用,大到飞行器、赛车,小到服装、手机壳,制造厂家借着 3D 打印的东风,焕发出新的生命力。由于 3D 打印制品能实现产品的自然无缝连接,从而达到传统制造方法远不可及的结构稳固性和连接强度,已成为国外研究空间飞行器的关键技术。据悉,美国国家航空航天局正在研究一项被称为"未来 3D 打印宇宙飞船"的技术,希望通过 3D 打印,制造出"廉价的机器人宇宙飞船"。

美国前总统奥巴马在 2012 年提议,投资 10 亿美元建立 15 家制造业创新研究所,以带动制造业增长。同年 8 月,美国政府宣布首个研究所将在俄亥俄州建立,主要研发 3D 打印技术,首期投资 3000 万美元。美国政府还开展了一个新项目,计划未来在 1000 所美国学校配备 3D 打印机和激光切割机等数字制造工具,以培养新一代的系统设计师和生产创新者。

2012 年 10 月,世界上最大的 3D 打印工厂 Shapeways 在纽约开业,该工厂占地 2.5 万平方米,可以容纳 50 台工业打印机,每年可按照消费者需求生产上千万件产品。

《时代》周刊将 3D 打印产业列为"美国十大增长最快的工业"。据 Wohlers Associates 2014 年预测,2020 年 3D 打印产业产值将达到 52 亿美元。随着技术成果的推广和应用,3D 打印技术产业的发展呈现出快速增长势头。

综上所述,我们可以这样去理解激光 3D 打印技术的发展趋势:

（1）激光 3D 打印技术作为一项新兴技术，目前虽然存在一些技术瓶颈，但从长远看，这项技术可以改变产品的开发和生产方式，应用范围之广将超乎想象，最终将给人们的生活方式带来颠覆式的改变。

（2）由于受制于材料、成本、打印速度、制造精度等多方面因素，激光 3D 打印技术并不能完全取代传统的减材制造法并实现大规模工业化生产，未来相当长的一段时间内，单件小批量、个性化及网络社区化生产模式，决定了激光 3D 打印技术与传统的铸造建模技术将并存、互补，是一种相辅相成的关系。

（3）我国在激光 3D 打印科研方面已经颇具实力，某些技术已经领先全球，但是在商业化应用和产业化方面滞后。我国已经和美国站在同一条起跑线上，如果国家加以政策扶持，中国有望成为最大的 3D 打印业国家。

（4）材料、人才、商业化应用是激光 3D 打印技术发展和普及的关键。

复习思考题

1. 简述 3D 打印（3D printing）技术的基本概念。
2. 按照工作原理来划分，激光 3D 打印技术主要有哪些类型？
3. 我国 3D 打印设备制造商主要有哪些？
4. 简述光固化成形技术的基本概念及优缺点。
5. 简述选择性激光烧结成形技术的基本概念及优缺点。
6. 选择性激光熔化成形（SLM）技术和择性激光烧结成形技术有什么不同点？
7. 简述分层实体制造技术的基本概念及优缺点。
8. 激光 3D 打印技术目前面临的主要瓶颈是什么？

8

激光微细加工技术

随着激光技术的发展,激光加工的尺度已经从宏观扩展到微观。激光加工的加工线宽在毫米量级或者毫米量级以上的可视之为宏观加工,加工线宽在毫米量级以下的视为微细加工。激光微细加工要满足的加工线宽以及加工精度一般要求达到微米量级。超精细加工是指加工精度和表面的微观平面度在 $0.1 \sim 0.01\ \mu m$,其切除量及精度达到了 $0.001\ \mu m$。与普通微细加工方法相比,激光微细加工在保障精度的同时,加工线宽更窄,体现了激光精细加工的先进性。加工线宽和加工精度可以认为是激光加工的特征尺度,特征尺度的大小是评定微细加工技术先进性的主要标志之一,目前激光微细加工的加工线宽主要是微米量级的,并不断朝着亚微米、纳米量级发展。

激光微细加工技术不仅可以方便地加工各类金属、硅、金刚石、玻璃等材料,也可以对容易产生塑性流动的低硬度聚合物材料进行精确的加工。在保障加工精度的同时,同样也适用于形状复杂的零件以及传统方法难以实现的孔或空腔的加工。

激光被普遍认为是现代微制造技术中很有潜力的工具。为满足激光微纳尺度的加工要求,十几年来人们一直在寻找新的激光光源和相应的加工技术和工艺。根据激光与材料的相互作用机理和加工尺度向纳米结构的发展趋势,与之相适应的激光朝着超短脉冲的方向研发。利用相互作用过程中的超短脉冲、超快效应,实现纳米尺度、高精度的微加工制造。

8.1　超短脉冲激光精密加工

8.1.1　超短脉冲的应用

由于激光的长脉冲宽度和低激光强度造成材料熔化并持续蒸发,虽然激光光束可以被聚焦成很小的光斑,但是对材料的热冲击依然很大,限制了加工的精度。唯有减少热影响才能提高加工质量。当激光以皮秒量级的脉冲时间作用到材料上时,加工效果会发生显著变化。随着脉冲能量急剧上升,高功率密度足以剥离外层电子。由于激光与材料相互作用的时间很短,离子在将能量传递到周围材料之前就已经从材料表面被烧蚀掉了,不会给周围的材料带来热影响,因此这种方式也被称为"冷加工"。凭借冷加工带来的优势,短与超短脉冲激光器进入工业生产应用中。

短脉冲激光器产生的脉冲宽度定义在皮秒和飞秒量级。$1\text{ ns}=10^{-9}\text{ s}$,$1\text{ ps}=10^{-12}\text{ s}$,$1\text{ fs}=10^{-15}\text{ s}$。短脉冲激光技术的迅速发展使得其在工业范围的应用非常广泛,短脉冲应用领域如表 8-1 所示。

表 8-1 短脉冲应用领域

应用领域	钻孔	线烧蚀	划线	切割	面烧蚀	块消融
尺寸单位	s	mm/s	mm/s	mm/s	cm²/s	mm³/s
应用 实例	—陶瓷 —印刷电路板 —塑料薄膜 —半导体 —金属 —玻璃、蓝宝石	—透明导电氧化物 —金属覆层	—金属 —玻璃	—印刷电路板 —塑料薄膜 —金属薄膜 —玻璃 —蓝宝石	—光伏薄膜 —涂色 —金属覆层	—陶瓷 —金属

1. 钻孔

电路板设计中,用陶瓷基底代替常规的塑料基底以实现更好的导热效果。皮秒激光在板上钻高达数十万个直径为 $40\sim100\ \mu m$ 的小孔。因此,保证基底的稳定性不会受到钻孔过程时热输入的影响就变得十分重要。皮秒激光能以冲击钻探的方式完成孔的加工,并保证孔的均匀性。除了电路板,皮秒激光还可以对塑料薄膜、半导体、金属膜和蓝宝石等材料进行高质量钻孔。

2. 切割

通过扫描的方式叠加激光脉冲可以形成线。通常要通过大量的扫描可以深入到陶瓷内部,直到线的深度达到材料厚度的 1/6。然后沿着这些刻线从陶瓷基底上分离单个模块。使用超短脉冲激光烧蚀切割,也称为消融切割。激光对材料进行烧蚀,去除材料直到它被切透。这个技术的好处是加工的孔的形状和尺寸具有较大的灵活性。图 8-1 所示为在透明材料上进行零切缝切割。

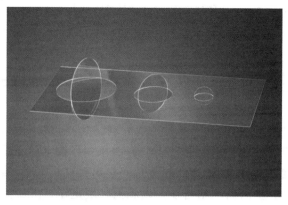

图 8-1 透明材料零切缝切割

3. 烧蚀

在不损害或轻微损害基底材料的情况下精确去除涂层。烧蚀既可以是几微米宽的线，也可以是几平方厘米的大面积去除。由于涂层的厚度常远小于烧蚀的宽度，以至于热量不能在侧面传导。因此可以使用纳秒级脉冲宽度的激光。高功率激光、方形或矩形传导光纤、平顶光强分布，这几项技术的结合使得激光面烧蚀得以在工业领域得到应用。用同样的激光器也可以应用在汽车工业中对抗腐蚀涂层进行去除，如图 8-2 所示，为后续焊接做准备。

4. 表面结构化

结构化可以改变材料表面的物理特性。根据荷花效应，疏水性表面结构使水从表面流掉。用超短脉冲激光器在表面创造亚微米结构可以实现这个特性，并可以通过改变激光参数对所要创造的结构进行精确控制。图 8-3 所示为利用短脉冲进行表面结构化。

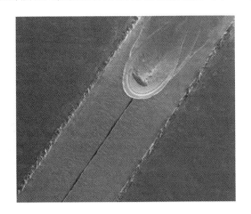
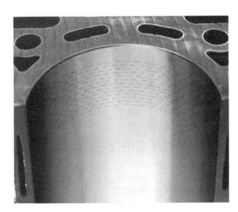

图 8-2 去除抗腐蚀涂层图   图 8-3 短脉冲进行表面结构化

8.1.2 超短脉冲激光

1. 皮秒激光的加工机理

激光照射到材料表面时，除一部分光能被反射外，其余光能基本都进入材料内部，这其中的一部分被材料本身吸收，另一部分则透过材料（对于不透明物质，透射光则被吸收）。普通的长脉冲激光在与材料的相互作用过程中，随作用时间的推移，通常要经历固态加热及表层熔化阶段、形成增强吸收等离子体云阶段、形成小孔和阻隔激光的等离子体云阶段。

超短脉冲加工时，能量极快地注入很小的作用区域，瞬间高能量密度沉积使电子吸收和运动方式发生变化，避免了激光线性吸收、能量转移和扩散等影响，从根本上改变了激光与物质相互作用机制。对于金属材料，皮秒激光的能量被材料内的自由电子线性吸收，激发之后产生等离子体，在等离子体与皮秒激光共同作用下，材料内部膨胀、爆炸产生冲击波，使得受作用区域材料脱离母材，完成材料加工过程。对于有机材料，当聚合物的多键所吸收激光的能量过多时，键发生断裂从而实现材料的去除。一般地，皮秒激光的热损伤极小，在适当工艺条件下可实现无损伤加工，但是当同一部位皮秒激光加工重复进行时则容易出现损伤和破坏。长脉冲、纳秒脉冲与皮秒飞秒脉冲加工示意图如图 8-4 所示。

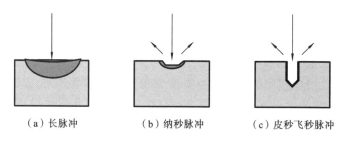

（a）长脉冲　　　　（b）纳秒脉冲　　　　（c）皮秒飞秒脉冲

图 8-4　各种脉冲加工示意图

2. 皮秒激光的特点

皮秒激光技术具有多种先进的技术优势，是市场的发展趋势。

（1）加工速度更快：正业科技研发的皮秒激光技术采用 400 kHz 的皮秒激光器（1～1000 kHz 可调），振镜速度可以达到 2000～3200 mm/s，远大于市面上的纳秒机台加工速度（1800 mm/s），加工速度更快，生产效率更高。

（2）切割品质更高：拥有高效率、高品质的皮秒激光器，其加工效果更优异，切割品质更好，良品率更高，对软板/覆盖膜切割的周边碳化、烧焦现象更加轻微，可满足客户更高的精密加工需求。

（3）加工范围更广：因为皮秒激光技术的峰值功率更大（可达 20 MW），其切割功能更强，可加工的材料范围就更广，可以轻易突破纳秒激光对陶瓷、玻璃等材料的加工难题，并且"崩边"效果非常好。

3. 皮秒激光的应用

表 8-2 所示为激光加工的主要应用领域。

表 8-2　激光加工应用领域

激光加工的主要用途			
分类	连续波 （CW）	准连续 （QCW）	短脉冲 （Q-Switched）	超短脉冲 （Mode-locked）
输出形式	连续输出	毫秒～微秒 （ms～μs）	纳秒 （ns）	皮秒～飞秒 （ps～fs）
用途	激光切割 激光焊接 激光表面处理	激光钻孔 热处理	激光雕刻 激光钻孔 激光快速成形	微纳加工 精密切割 精密钻孔

3. 皮秒激光的发展前景

2010 年前后，我国激光产业在工业领域的应用进入快速发展阶段，并广泛应用于汽车制造、航空航天、钢铁冶金、船舶工业等领域。我国已经布局皮秒激光器国产化，国务院发布的《"十三五"科技创新规划》"先进制造技术"一栏中指出，要开展超快脉冲、超大功率激光制造等理论研究，突破激光制造关键技术，研发高可靠、长寿命激光器核心功能部件、国产先进激光器以及高端激光制造工艺装备，开发先进激光制造应用技术和装备。

皮秒激光作为超短脉冲激光的典型代表，具有超短脉宽、超高峰值功率的特点，其加工材料范围广泛,尤其适合加工蓝宝石、玻璃、陶瓷等脆性材料和热敏性材料,因此适合于电子产业微细加工行业应用。近两年皮秒加工设备需求迅速提升,主要原因是指纹识别模组在手机上的应用带动了专用设备皮秒激光的采购。指纹模组涉及激光加工的环节有:① 晶圆划片切割,② 芯片切割,③ 盖板切割,④ FPC(Flexible Printed Circuit Board,柔性电路板)软板外形切割钻孔,⑤激光打标等。其中主要是蓝宝石、玻璃盖板和 IC 芯片的加工。从2015 年开始,苹果手机正式使用指纹识别同时带动了一批国产品牌的普及,目前指纹识别渗透率不足 50%,因此用于加工指纹识别模组的皮秒机仍有较大发展空间。同时,皮秒机还可以应用于 PCB(Printed Circuit Board,印刷电路板)钻孔、晶圆划片切割等,应用领域在不断拓宽。尤其是随着未来手机中蓝宝石和陶瓷等高附加值脆性材料的应用,皮秒激光加工设备将成为 3C 自动化设备中重要的组成部分。在 3C 自动化加工设备领域,皮秒激光未来或将扮演广泛而深刻的角色。

8.1.3 常见材料的超短脉冲激光介绍

短波长与超短脉冲激光光源的组合加工技术为激光微制造,尤其是三维微制造提供了一个新的技术解决思路。超短脉冲激光的加工实例介绍如下。

国内很多企业研发了超短脉冲加工设备,下面是深圳海目星激光科技有限公司的皮秒激光切割设备(图 8-5)。

图 8-5 皮秒激光切割设备

1. 皮秒激光切割软件简介(APT MicroCut 软件)

打开软件,进入 Proofer 账户后,用户将看到如图 8-6 所示界面,亦即 APT MicroCut 软件操作界面。

图中,1 区为软件菜单栏;2 区为软件工具栏;3 区为图档工具栏;4 区为图档显示区;5 区是 CCD 显像区和对应的工具栏;6 区分为平台控制面板和对位设置面板;7 区分为图层参数、切割选项和阵列设置面板;8 区为状态栏。

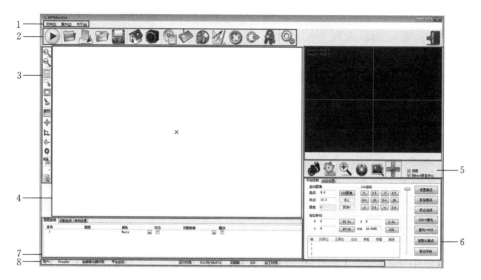

图 8-6　APT MicroCut 软件操作界面

2. 振镜切割参数的设置

如图 8-7 所示为振镜切割参数设置选项界面。

图 8-7　振镜切割参数设置选项界面

（1）飞秒激光切割。飞秒激光可实现边缘、侧壁的光滑加工，防止应力集中、材料碎裂。红外飞秒激光切割样品如图 8-8 所示。图 8-8(a)为红外飞秒切割 0.2 mm 厚度的覆盖膜；图 8-8(b)为红外飞秒切割 0.1 mm 厚度的薄不锈钢片。

（2）皮秒透明材料钻孔。用 40 W 红外皮秒激光钻孔玻璃与陶瓷，可实现侧壁的光滑加工。如图 8-9 所示为红外皮秒激光钻孔样品。

在不锈钢、蓝宝石、硅、陶瓷等材料的实验中，短脉冲激光加工的产品的成形边缘清晰、

（a）红外飞秒切割0.2 mm厚的覆盖膜

（b）红外飞秒切割0.1 mm薄不锈钢片

图 8-8 红外飞秒激光切割样品

（a）红外皮秒切割玻璃

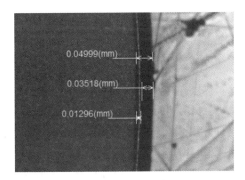

（b）红外皮秒切割陶瓷

图 8-9 红外皮秒激光钻孔样品

圆度好。这是由于固体材料（金属或非金属）的热传导响应时间在皮秒量级，两种激光的脉冲宽度不同导致了材料热效应的不同。

8.2 准分子激光精密加工

准分子的概念起源较早。20 世纪 30 年代初，L. Rayleigh 就观察到稀有气体准分子辐射谱：Hg_2^*、Xe_2^*、Kr_2^*、Ne_2^*、Ar_2^*。Tanaka 和 Zelikoff 分别在 1954 年、1955 年提出"准分子"这一名词。真正的准分子的含义，是指在激发态能够暂时结合成不稳定分子，而在正常的基态又离解成原子的缔合物。其中，由两个同核原子构成的缔合物称为 dimer，由两个异核原子构成的缔合物称为 exciplex，由三个核原子构成的缔合物称为 trimer，将他们统称为 excimer，这就是真正的准分子的名词来源。

准分子激光是指受到电子束激发的卤素气体和惰性气体的混合气体形成的分子向基态跃迁时发射所产生的激光。该激光主要具有两个特性：波长短（波长范围 157～351 nm，紫外波段）以及脉宽窄（脉宽一般为数十纳秒）。

8.2.1 准分子激光加工原理及特点

1. 原理

利用准分子激光可以对材料实现直接刻蚀,这种直接刻蚀被视为纯粹的光化学过程,称为光解剥离(ablative photo decomposition,APD)。利用高能量紫外激光使材料化学键断裂,生成物所占据的体积迅速膨胀,最终以体爆炸的形式脱离母体并带走过剩的能量。准分子激光加工的 APD 过程如图 8-10 所示。

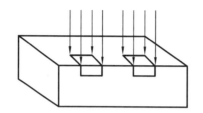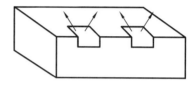

图 8-10 准分子激光加工的 APD 过程

短波长的准分子紫外激光及材料相互作用机制与 Nd:YAG 激光和 CO_2 激光显著不同。Nd:YAG 激光和 CO_2 激光加工时,激光能量被照射区域内的材料表面吸收,从而产生热激发过程使材料表面温度升高,产生熔融、烧蚀、蒸发等现象。而准分子激光的光子能量很高,在激光照射区域内,材料所吸收的光子流量超过阈值后会发生光解,进而打断材料的化学键。随着断键数量的不断增加,材料碎片浓度升高到一定值时,被激光照射的材料表层温度和压力急剧升高并发生微爆炸,使得碎片离开工件,导致材料的烧蚀去除。可见,准分子紫外加工同时存在着光化学与光热作用的物理现象。

在激光吸收和激光烧蚀的理论基础上,从光化学作用的角度考虑激光脉冲对材料的作用,假定该作用效果与激光照射材料时间无关,则可建立光化学模型。该模型将烧蚀过程分解为光吸收和材料烧蚀两个步骤。材料中的自由电子吸收光子,其能量增加,然后通过电子碰撞传递给材料内部的晶格,导致温度急剧升高,材料蒸发发生微爆炸,并伴随着材料气化产生等离子体,使材料产生烧蚀去除。

综合考虑光热和光化学作用的准分子激光加工过程所建立的烧蚀模型,可以认为入射激光能量密度刚超过烧蚀阈值能量密度时,光化学过程起主导作用;随着激光能量密度的增加,光热作用开始增强。在两种机制的共同作用下,随着入射激光能量密度持续提高,光化学过程重新占据主导作用。

2. 特点

1)加工质量高

激光微加工的激光光源通常采用超短、超强、超快、高光束质量的激光。具有这些特征的激光与材料作用时,能得到明显的微区约束性能,对非加工区热影响小,材料的加工量可以做得非常精细,甚至达到单原子态分离(烧蚀时),极大地提高加工精度。

激光波长越短,聚焦光斑越小,加工分辨率越高,其刻蚀表面越光洁,刻蚀边缘越锐利;

另一方面,许多材料如金属、高分子材料等对紫外光的吸收率远高于其他波段的光,因此准分子激光加工的能量利用率高,即加工效率高。

2) 激光光子能量高,可以直接打断化学键

如 KrF 激光的光子能量为 5.0 eV,ArF 激光为 6.44 eV,F_2 激光为 7.9 eV,(1 eV=1.6×10^{-19} J,普朗克常数 h=6.63×10^{-34} J·s)。而一般有机物分子机构中的共价键能小于或接近该数值。

因此准分子激光光子可能直接打断化学键而光解这些材料,光致分解消融,物质以很高的速度离开材料,而未受辐射的区域则不受影响,是一种冷加工方式。加工机理上存在极大的优越性,加工质量好,表 8-3 列出了冷加工与热加工机理的比较。

表 8-3 冷加工与热加工机理比较

	热 加 工	冷 加 工
物理机制	加热,熔化,气化,蒸发	升华
对应的激光加工应用	热处理,焊接,切割,打孔,标记,熔覆,微成形	烧蚀,刻蚀,切削,打孔
本质	满足物质凝聚状态要求的分子结构没有发生根本变化	物质凝聚状态要求的分子结构已经发生根本变化

3) 准分子激光脉冲功率高

准分子激光峰值功率可达吉瓦量级,形成较大的刻蚀加工速率,实现微结构的快速加工。准分子激光单脉冲能量一般在几个电子伏以内,但是准分子激光器一般工作在脉冲方式下,它的脉宽只有几十纳秒,远远小于一般的激光器,短的激光脉宽可以大大提高激光的功率密度。虽然现在的准分子激光器的平均功率都不高,但由于它较短的脉宽和较高的聚焦效率,所以它的功率密度可以达到 $10^8 \sim 10^{10}$ W/cm²,也提高了准分子激光的加工效率和质量。

4) 获得真正意义上的微加工刀具

传统机械加工的刀具,在尺寸、可达性、柔性化、控制性、加工方式等方面,很难达到微结构加工的高精密要求。而激光微加工,产生一种具有实质意义的"激光光刀",不仅可以根据各种微加工需要,实时改变光刀刀头的横断面形状、刀角(聚焦角)、锐度(焦斑尺寸),还可以改变其内部光流密度、光峰值功率、偏振性、脉冲时间,从而使刀具控制更为多样化,这是为传统机械刀具所不具备的优异性能。这样,微结构轮廓可以实时地对应光刀形状而得到,提高了加工效率。另外在配合加工进给运动的时候,进给方式也可有多种,如旋转进给、轴移进给等,通过配合激光光刀刀头与工作台的各种相对运动来实现各种加工任务。

5) 加工方式能充分满足微结构生成的要求

除了可以兼容平面光刻法中已有的大面积掩模曝光掩模加工技术外,还可以采用聚焦光束直接写入加工方式。这种加工方式摒弃了常规工艺中的掩模,将高度聚焦的激光光束按加工轨迹和结构要求在基片上进行动态移动刻蚀操作,属于点加工方式。其动态移动范围在全三维空间进行,移动柔性表现为四个自由度以上,轨迹和结构参数由加工程控制系统保证,并根据工艺要求预定设定。因此对微结构设计、微图案设计都具有较大的柔性,可实现打孔、线槽刻蚀、结构生成(去除式)、成形(添加式)、连接等多种微操作。由于柔性高,灵

活性大,因此激光微制造可以较大幅度地节约时间简化制作步骤,提高生产效率。

6）其他特点

此外,准分子激光还具有无接触加工、加工速度快、无噪声、热影响区小、可聚焦到激光波长级的极小光斑等优越的加工性能,使其适合于微细加工领域,如激光微打孔、准分子激光切割、表面处理、激光清洗以及沉淀薄膜等。

8.2.2　准分子激光器及其工作原理

1970 年,世界上第一台准分子激光器 Xe_2^* 激光器诞生。1975 年,Velazco 等人观察到了稀有气体卤化物准分子的紫外辐射谱线低气压下的亚稳态反应,之后各种工作气体的准分子激光器相继而出。

准分子是由化学性质最稳定的惰性元素 Ar、Kr、Xe 和化学性质最活泼的元素 F、Cl、Br 的两个同核或异核原子在激发态的复合物。与通常的分子不同,准分子是束缚在电子激发态下的分子,它没有稳定的基态,即准分子是一种只在激发态才能暂时存在的不稳定分子,在基态情况下它会迅速离解成其他分子团。因此准分子的寿命很短,它的上能级寿命只有 10^{-8} s,而激光跃迁的下能级为弱束缚态,寿命也很短,一般在 10^{-13} s 量级。由于准分子在基态时,迅速离解成独立的原子,基态基本上是抽空的,因此只要有准分子存在,就会形成极高的粒子数反转,所以准分子激光器的增益很高。但由于准分子激光放电泵浦方式极容易导致孤光放电,所以准分子激光工作方式主要为脉冲方式。

除了少数准分子激光外,准分子激光都位于紫外波段。虽然它的光束质量并不好,并且平均功率也还不是太高,但准分子激光的波长极短,聚焦光斑直径能达到微米量级。由于光子能量高,聚焦光斑小,因此聚焦后光斑的功率密度可达 $10^8 \sim 10^{10}$ W/cm^2。并且由于光子能量较大,和许多材料尤其是无机物的化学键能相比,它的光子能量要大于材料之间的化学键能,所以在准分子激光和材料相互作用时,准分子激光有时甚至能够直接打断材料的部分化学键而实现冷加工,在微加工领域得到了广泛的应用。

1. 种类

准分子激光依据工作气体的不同,分为单卤素准分子激光器和惰性元素卤化物准分子激光器。可将不同种类的准分子激光器列表如表 8-4 所示。

表 8-4　不同种类的准分子激光器

同核二聚物准分子		异核准分子			
名称	波长/nm	名称	波长/nm	名称	波长/nm
Hg_2^*	335	$XeCl^*$	308	$HgCl^*$	558.4
Xe_2^*	169～176	$XeBr^*$	281.8	XeO^*	550
Kr_2^*	145.7	$KrCl^*$	223	KrO^*	557.8
F_2^*	157	KrF^*	248.4	XeF^*	351.1
Ar_2^*	126.1	ArF^*	193.3	ArO^*	557.6

2. 能级

准分子激光器以三能级结构为主,包括基态、低能态、激发态。准分子激光辐射的主要特点是:几乎没有辐射损耗,量子效率高;无瓶颈效应;荧光谱为连续带,可调谐运转。

3. 泵浦要求

准分子激光要求具有较高的泵浦功率密度。同时,要求激发速率快,泵浦源的上升时间短和持续较长的有效泵浦时间。准分子激光的主要泵浦激励方式有电子束泵浦、放电泵浦、微波泵浦、质子束泵浦、光泵浦等。

4. 激光器结构

准分子激光器一般为整体式结构。整体式结构里包括机械单元、放电单元、光学组件、监控组件、记录和波长标定组件、电源部分、气体和流体处理单元、控制单元等分结构单元。各单元说明如下。

机械单元:外罩(可三向分立拆卸的面板)。

电源部分:高压电源和系统控制。

气体和流体处理单元:包括螺线管气阀、真空泵、卤素过滤器、浪涌气流控制单元。

控制单元:包括延迟线、电气控制单元、基本组件。

放电单元:Novatube、特殊钢和陶瓷材料制成,有机污染减小为零,延长寿命(可运行 120 亿次脉冲),放电电路有良好的阻抗匹配,整体可更换、钝化。

光学组件:全反射和输出窗口。一般准分子激光结构腔型为平面平行腔(高斯)。

其他:水、气连接口。

8.2.3 准分子激光微加工的方式

准分子激光微加工的方式有激光投影光刻和激光直写光刻两种。

1. 激光投影光刻

激光投影光刻的步骤是,将激光光束经扩束系统的光强均匀化后,照射在掩模板上,掩模图案通过光刻投影镜头成像在装有加工零件的平台上,通过光子直接打断分子化学键消融被加工材料,将掩模图案转移至被加工材料表面及纵深方向,从而完成材料的深层加工。它一般由准分子激光器、扩束系统、对准观察系统、掩模、光刻投影镜头、加工台组成。这种方法为并行加工方式、一次成形,加工的材料面宽,效率高且成本较低。加工精度由投影系统成像分辨率决定,易于保证。

2. 激光直写光刻

激光直写光刻的步骤是,将激光光束通过透镜聚集成尽可能小的、强度均匀的光点,聚焦在加工件表面,由计算机系统控制精密工作台在 X-Y 平面内进行光束扫描运动,而在 Z 方向上控制进给以及不同位置的激光通断状态来实现三维深层刻蚀。这种方法容易与计算机数控技术相结合,能制作出较为复杂的三维立体微结构。直写光刻技术与投影光刻法的主要区别是它不需要特殊的掩模板,这样也就省去了掩模板制作过程,使加工过程更加灵活。另外,直写光刻法需要聚焦透镜缩小光点,需要精密的数控系统和工作台,而投影光刻法则需要成像透镜。

8.2.4 准分子激光在微细加工中的应用

准分子激光可加工直径小于 0.1 mm 的孔,既可用于打通孔,也可用于打盲孔,且孔边缘清晰、精度高,对周围材料几乎没有什么影响。准分子激光可对孔间距小而孔尺寸大的微孔进行精密加工,如在 25 μm 厚的聚酰亚胺薄膜上打 70 μm×70 μm 的方孔,间隔为 36 μm,1 s可打 1000 个,效率很高,用激光热加工的方式根本不可能实现。日本三菱电气公司还进行了大深径比打孔的研究,用 KrF 准分子激光在 200 μm 厚的工程塑料膜上试验,打出了深径比为 10 的孔,孔上端直径为 20 μm、下端直径为 8 μm。

准分子激光可用于缩微打标,在物品上打出肉眼分辨不出的标记。中国科学院上海光学精密机械研究所在不锈钢上进行了打标试验,采用并不复杂的光学系统打出小至 0.2 mm×0.3 mm 的字,还可在其上刻出宽度小于 0.1 mm 的线条。安徽光机所成功地在人工晶状体上实现了缩微打标,并得到实际应用。用准分子激光还能在天然钻石上刻印标记,如在钻石上刻出深度不超过 10 μm 的划痕,其线宽可达到 20 μm,线长为 25~50 μm。准分子激光脉冲在钻石表面每次穿透深度约为 0.1 μm,利用这一特性既可在宝石上打纯度检验标记,还可用来鉴定宝石。

准分子激光切割的特点是精度高,热影响小,切边质量好。吉林大学用国外引进的 KrF准分子激光器进行了切割金刚石薄膜的研究。试验中最大刻蚀深度为 90 μm,刻蚀出的金刚石薄膜边缘齐整,不存在用 YAG 激光刻蚀时常出现的黑色碳末。日本一家制造航空发动机的公司研究了用 ArF 准分子激光切割纤维增强塑料,其试验装置如图 8-11 所示。试验发现,随着能量密度的增加,材料的去除速率也增加。在能量密度较小时,一个脉冲可去除零点几微米材料;能量密度增大后,一个脉冲可去除 2~3 μm 材料。在热影响方面,测得切割试样沿纤维方向从切边到基体热影响区的宽度不大于 5 μm,相当于切缝宽度的 1/50,切缝质量明显比 YAG 激光和 CO_2 激光切的好。

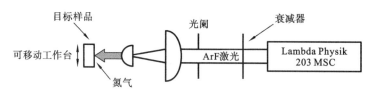

图 8-11 ArF 准分子激光切割试验装置分布图

复习思考题

1. 简述超短脉冲激光"冷加工"的原理。
2. 简述皮秒激光的特点。
3. 常见材料超短脉冲加工工艺有哪些?
4. 简述准分子激光加工的原理及特点。
5. 准分子激光在微细加工中有哪些应用?

9

激光加工典型案例

9.1 金属名片激光打标

9.1.1 任务准备

1. 金属名片激光打标工作任务

金属名片激光打标工作任务是选择合适的激光打标机在阳极氧化铝金属名片材料上完成一张金属名片的选材、版面设计、激光打标和质量检验全过程,如图 9-1(a)、图 9-1(b)、图 9-1(c)所示。

（a）金属名片材料　　　　（b）版面设计　　　　（c）激光打标

图 9-1　金属名片激光打标工作任务

2. 名片构成要素、排版设计与激光打标流程

1）名片构成要素

构成要素是指构成名片的各种素材,如各类标志、图案、文案等,大致可以分为两类,如图 9-2(a)所示。

（1）造型构成要素包括:

① 标志,俗称公司 LOGO,是用图案或文字造型设计并注册的商标或企业标志;

② 图案,形成名片特有的花纹或色块构成;

③ 轮廓,主要是指几何边框形状。

(2) 方案构成要素包括:

① 名片持有人的姓名及职务;

② 名片持有人的单位及地址;

③ 联系方式,有电话及二维码等;

④ 业务领域。

2) 名片排版设计

构成要素在名片设计中要突出重点,公司标志、姓名、职位及联系方式一般比其他内容显著一些,公司地址、传真之类的字体一般较小。

名片内容选定后,我们就可以按设计方案在 CorelDRAW 等绘图软件中对各构成要素进行名片排版设计,可以采用横排也可以竖排方式排版,如图 9-2(b)所示。

 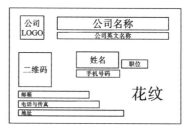

（a）构成要素　　　　　　　　（b）排版设计

图 9-2　名片构成要素及排版设计示意图

名片排版设计中要注意内容与金属名片边之间的距离、字体、二维码大小等,最后用卡尺测量名片各部分之间的尺寸大小。

3) 激光打标工作流程

激光打标工作流程如图 9-3 所示。

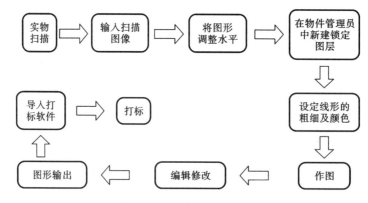

图 9-3　激光打标工作流程

3. 金属名片激光打标任务准备

(1) 金属名片材料:金属名片激光打标材料一般采用经染色处理的阳极氧化铝箔,氧化膜厚度可达 9～25 μm 且具有高硬度、高耐磨性,耐腐蚀性,良好绝缘性,耐高温(1500 ℃)等特点。名片尺寸一般为 90 mm×55 mm,可以从专业厂家定制。

（2）金属名片激光打标设备：阳极氧化铝质金属名片打标采用 1064 nm 波长的激光打标机,如光纤激光打标机、半导体激光打标机等。

光纤激光打标机典型结构主要由光纤激光器、振镜及场镜、工控电脑、X-Y 移动平台和升降平台等机械系统构成,如图 9-4 所示。

（3）金属名片激光打标辅助材料：金属名片激光打标过程中还需用到脱脂棉签、无水乙醇等辅助材料,如图 9-5(a)、图 9-5(b)所示。

（4）金属名片激光打标工量具及专用夹具：金属名片激光打标过程中还需用到必要的工量具和专用夹具,测量金属名片尺寸主要使用游标卡尺,游标卡尺外形及结构组成如图 9-6 所示,刻度正确读法如图 9-7 所示。

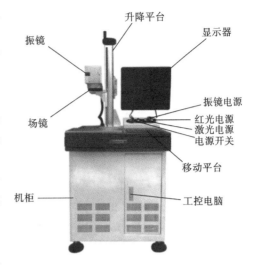

图 9-4 光纤激光打标机典型结构

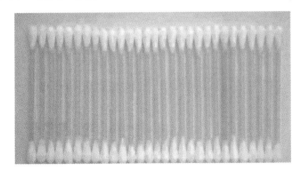

（a）脱脂棉签

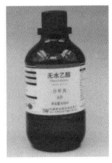

（b）无水乙醇

图 9-5 金属名片激光打标辅助材料

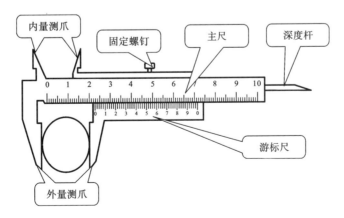

图 9-6 游标卡尺外形及结构组成示意图

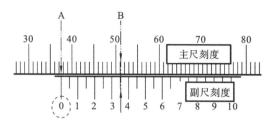

① 读取副尺刻度的0点在主尺刻度的数值
　⇒ 主尺刻度 37~38 mm之间 ··· A的位置=37 mm

② 主尺刻度与副尺刻度成一条直线处，读副尺刻度
　⇒ 副尺刻度 3~4之间的线 ··· B的位置=0.35 mm

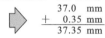

$$\begin{array}{r} 37.0 \text{ mm} \\ +\quad 0.35 \text{ mm} \\ \hline 37.35 \text{ mm} \end{array}$$

图 9-7　游标卡尺刻度读法示意图

9.1.2　激光打标前处理工作

1. 金属名片清洗

如有必要，用脱脂棉签沾无水乙醇清洗阳极氧化铝质金属名片材料表面。

2. 名片要素处理流程

（1）设计 LOGO：用 CorelDRAW 等绘图软件设计所要求的公司 LOGO 等矢量图，如图 9-8 所示。

（2）名片构成要素排版设计：在打标软件中编辑名片各构成要素及位置，如图 9-9 所示。

图 9-8　用 CorelDRAW 设计的公司 LOGO 矢量图　　　图 9-9　名片构成要素排版设计示意图

（3）名片二维码处理：在打标软件中找到二维码编辑区域并进行信息处理，如图 9-10 所示。

（4）照片处理：在打标软件中导入照片并进行处理，如图 9-11 所示。

9.1.3　激光打标过程

1. 确定打标机焦点位置

调节升降工作台上下位置，激光光强最强的位置即为打标机焦点，将其固定。

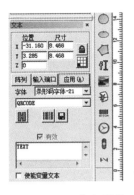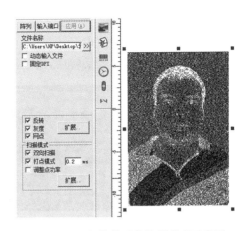

| 图 9-10 打标软件二维码编辑处理示意图 | 图 9-11 打标软件图片编辑处理示意图 |

2. 测试打标参数

1) 测试 LOGO、文字参数

(1) 打标速度太快、功率太小时，产品加工效果模糊，如图 9-12 所示。

图 9-12 打标速度太快、功率太小时产品加工效果图

(2) 打标速度太慢、功率太大时，产品加工深度太深、颜色发灰，如图 9-13 所示。

图 9-13 打标速度太慢、功率太大时产品加工效果图

(3) 打标速度与功率参数正确时，产品加工颜色白亮干净，如图 9-14 所示。

图 9-14 打标速度与功率参数正确时产品加工效果图

2）测试二维码参数

（1）二维码图像参数未反转，是不可读取数据，如图 9-15(a)所示。

（2）二维码图像参数反转后，线条清晰，是可读取数据，如图 9-15(b)所示。

（a）未反转二维码、不可读　　　　　（b）反转二维码、可读

图 9-15　二维码参数测试效果图

3）测试照片参数

（1）照片图像未反转，打标效果如底片，不合格，如图 9-16(a)所示。

（a）照片图像未反转　　（b）照片亮度参数太大　　（c）照片打标参数合适

图 9-16　照片参数测试效果图

（2）照片亮度参数太大，整体曝光效果过度，不合格，如图 9-16(b)所示。

（3）照片打标参数合适，打标图案清晰，合格，如图 9-16(c)所示。

3. 名片加工定位

使用打标机的红光预览功能将名片在工作台上初步定位，再用 T 形定位铁固定好名片位置。

4. 加工

打标加工，完成金属名片激光打标工作任务。

9.1.4　金属名片激光打标产品质量评估

金属名片激光打标产品质量评估内容如表 9-1 所示。

表9-1 金属名片激光打标产品质量评估表

评 估 项 目	主 要 内 容
名片要素	名片各要素完整
	各要素尺寸大小正确
	各要素位置准确
加工质量	产品颜色白亮干净
	照片清晰、人眼可识别
	二维码机器可识别
	填充线间距合理美观
	不发生受热翘曲变形

9.2 不锈钢电池壳体激光焊接

9.2.1 任务准备

1. 不锈钢电池壳体激光焊接工作任务

不锈钢电池壳体激光焊接工作任务是选定合适的激光焊接机,将不锈钢电池顶盖与壳体用对焊的方式焊接起来。要求焊缝外观良好,呈银白色,在0.2 MPa气体压力下密封不漏气,如图9-17所示。

2. 电池壳体激光焊接基本流程

电池外壳由顶盖和壳体两部分组成,通过激光焊接成一个密闭的腔体,电池顶盖上还有电极、防爆膜片等零件,也是通过激光焊接连接在一起的。电池外壳激光焊接实际上是铝合金、不锈钢及铜合金等同种或异种金属材料之间进行腔体类零件激光缝焊的典型应用,如图9-18所示。

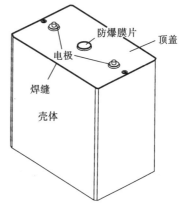

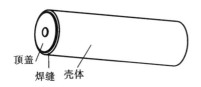

图9-17 不锈钢电池壳体激光焊接工作任务   图9-18 电池外壳激光焊接示意图

与非腔体类零件焊接相比,腔体类零件激光焊接除了必须保证焊缝的焊接强度适中、焊缝平整美观外,还应进行气密性实验确认腔体焊缝的致密性。

工程中气密性实验常用方法是在焊缝周围涂抹肥皂水,通入规定工作压力的压缩空气,如果焊接接头有致密性缺陷时就会有肥皂水气泡,这种检验方法类似于检查轮胎漏气。

进行规范化的气密性实验可以参考军用规范 MIL-STD-38510 标准或 GJB548A 方法 1014A 条件的要求。

3. 不锈钢电池壳体激光焊接任务准备

(1)不锈钢电池壳体材料:不锈钢电池壳体材料大多为 304 不锈钢,电池顶盖厚度一般为 2 mm,电池壳体厚度一般为 0.8 mm。

(2)不锈钢电池壳体激光焊接设备:不锈钢电池壳体激光焊接采用 1064 nm 波长的激光焊接机,如光纤激光焊接机、YAG 激光焊接机等。

光纤传输激光焊接机主要由激光器主机、传输光纤、焊接头、CCD 监控系统、控制系统、X-Y-Z 轴移动工作台及冷水机等部件组成,如图 9-19 所示。

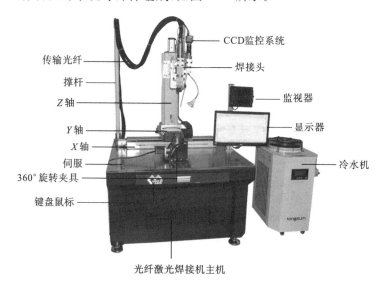

图 9-19　光纤激光焊接机典型结构

(3)不锈钢电池壳体激光焊接辅助材料:不锈钢电池壳体激光焊接需用到砂纸、无水乙醇等辅助材料,如图 9-20(a)所示。

(4)不锈钢电池壳体激光焊接辅助工具:不锈钢电池壳体激光焊接过程中,除了用到必要的工量具和专用夹具外,还需用到量杯、电吹风、烘箱等辅助工具,如图 9-20(b)所示。

9.2.2　焊前工作

不锈钢电池壳体焊接前的准备工作主要有以下几个步骤。

1. 工件抛光

选用合适目数的砂纸打磨不锈钢电池壳、盖,使得待焊表面光亮且光泽均匀,目的是除

（a）砂纸

（b）量杯

图 9-20　不锈钢电池壳体激光焊接辅助材料与工具

去工件表面的氧化物及大部分油污。

2. 工件清洗

（1）将工件置于流动的自来水中清洗干净并用电吹风吹干水分。

（2）取适量的无水乙醇置于量杯中，将用水清洗后的干燥工件置于量杯中浸泡 3～5 min后取出，并用电吹风吹干表面液体。

3. 工件装配

装配电池壳、盖，使得装配后电池顶盖表面与电池壳边缘平齐，无下陷，无一端翘起。

4. 工件夹持

使用三爪卡盘装夹不锈钢电池壳、盖，电池顶盖竖直朝上，如图 9-21 所示。

9.2.3　焊接流程

（1）启动激光焊接机，选用合适的峰值功率、脉宽波形、频率和离焦量等加工工艺参数，如图 9-22 所示。

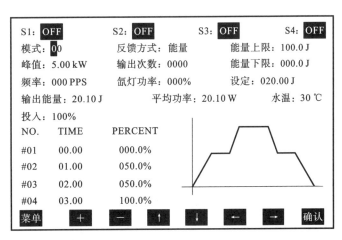

图 9-21　电池壳、体装夹示意图　　　图 9-22　选择加工工艺参数示意图

（2）通过软件示教编程确定适合的焊接轨迹，如图 9-23 所示。

（3）上述两个工序确认无误后采用旁轴吹气和合适的气体流量开始焊接过程,得到如图9-24 所示的焊接产品。

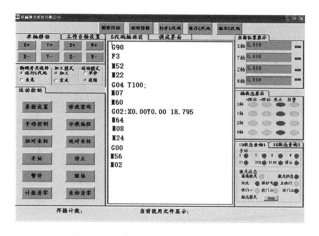

图 9-23　激光焊接轨迹程序示意图

图 9-24　激光焊接产品

9.2.4　不锈钢电池壳体激光焊接产品质量评估

不锈钢电池壳体激光焊接产品质量评估内容如表9-2 所示。

表 9-2　不锈钢电池壳体激光焊接产品质量评估表

评　估　项　目	主　要　内　容
加工质量	焊缝表面无肉眼可见的砂眼、气孔
	焊缝抗拉强度不低于设计要求
	在 0.2 MPa 气体压力下密封不漏气
	焊缝表面光滑,呈银白色

9.3　纸质礼品糖盒激光切割

9.3.1　任务准备

1. 纸质礼品糖盒激光切割工作任务

纸质礼品糖盒激光切割工作任务是利用非金属激光切割机完成一个纸质礼品糖盒产品的选材、设计、激光切割和质量检验全过程,如图9-25 所示。

礼品盒是实用礼品的外包装,按照包装材料不同,礼品盒有卡纸、塑料、金属、竹木器和复合材料等多种类型,其中纸质礼品糖盒最为常见。

图 9-25　纸质礼品盒示意图

2. 礼品糖盒要素信息

(1) 展开图：礼品糖盒有前后、上下、左右共六个平面，我们可以将其展开成二维平面图进行激光切割加工，再按一定方向折叠成六面立方体形成糖盒，如图 9-26 所示。

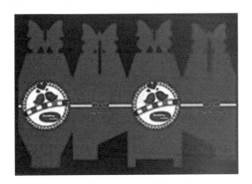

图 9-26　礼品糖盒展开图

(2) 切割图案：礼品糖盒切割图案素材主要来自网络上搜集的窗花和剪纸图案，可以根据不同的使用场合选取，总的要求是图形对比鲜明、容易加工，格式位图和矢量图均可，如图 9-27 所示。

图 9-27　礼品糖盒切割图案素材示意图

3. 纸质礼品糖盒激光切割任务准备

(1) 材料：纸质礼品糖盒可以选用 80 克以上的铜版纸，或 180～250 克的白卡纸。

(2) 激光切割设备：纸质礼品糖盒激光切割可以选用激光功率 200 W 以下的玻璃管或金属射频管 CO_2 激光切割机，该类设备具备常用非金属材料的切割及雕刻功能。

图 9-28 是某台玻璃管 CO_2 激光切割机正面和背面的总体结构示意图。

从外观上看，玻璃管 CO_2 激光切割机主要由机器本体、轴运动机构、激光头、控制面板、功率电位器、总电源开关、数据接口、抽风机、冷水机箱、激光电源箱等部件器件组成。

按照激光加工设备的功能定义，放在激光管罩壳内的激光器、激光电源箱等构成了设备的激光器系统，控制面板、功率电位器、总电源开关、数据接口等构成了设备的控制系统，激光头、激光出光孔构成了设备的导光及聚焦系统，Y 轴运动机构、X 轴运动机构构成了设备的运动系统，数据接口、抽风机、冷水机箱等构成了设备的冷却与辅助系统。

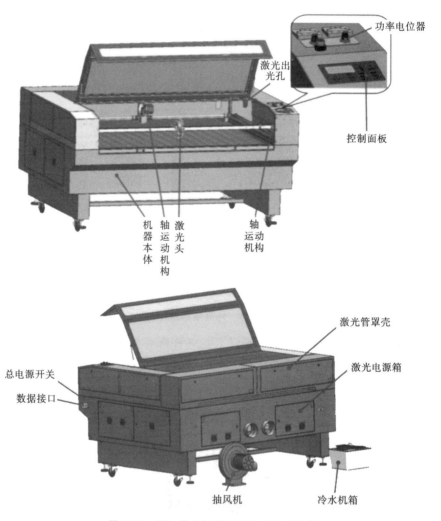

图 9-28 CO_2 激光切割机整体结构示意图

（3）其他辅助材料及设备：实验过程中还需用到棉签、无水乙醇、胶水、电吹风、直尺等。

9.3.2 切割加工准备

1. 切割图形及方案

（1）确定切割图案素材要求：图形简单、背景色彩单一、对比鲜明；图形格式要求位图、图片清晰像素高。

（2）确定礼品糖盒方案要求：礼品糖盒要求结构美观、大方、简单、容易折叠。将三维实物图展开转换成平面二维图，如图 9-29 所示。

2. 位图转矢量图方法

（1）在 CorelDRAW 软件中导入要转成矢量图的 JPG 图片，如图 9-30 所示。

（2）右键点击【跟踪位图】自动转入 COREL-TRACE 编辑，如图 9-31 所示。

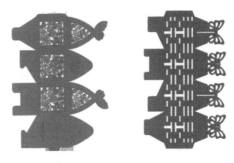

图 9-29 礼品糖盒展开图

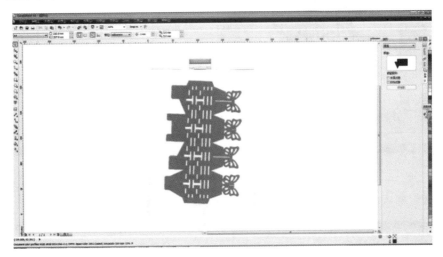

图 9-30 位图转矢量图步骤 1

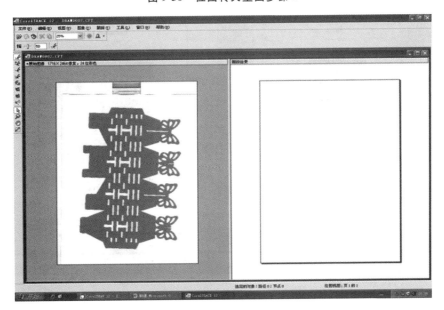

图 9-31 位图转矢量图步骤 2

（3）根据图形色彩设置黑白阈值参数（在1～255范围内可调），如图9-32所示。

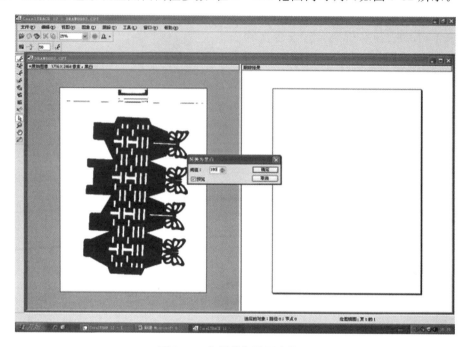

图9-32 位图转矢量图步骤3

（4）用【轮廓跟踪】指令跟踪出轮廓线条，如图9-33所示。

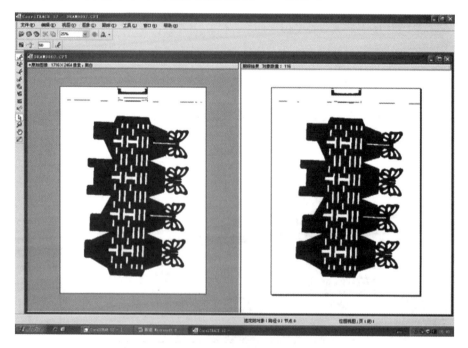

图9-33 位图转矢量图步骤4

（5）对比位图图形对矢量图进行轮廓微调，如图9-34所示。

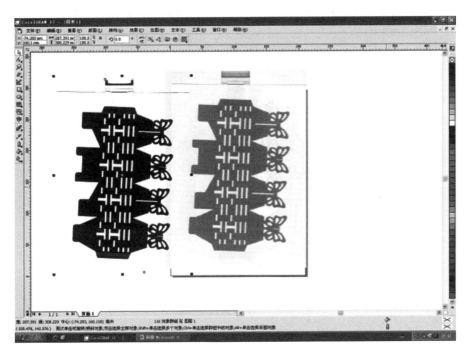

图 9-34　位图转矢量图步骤 5

（6）去掉填充、取消群组，如图 9-35 所示。

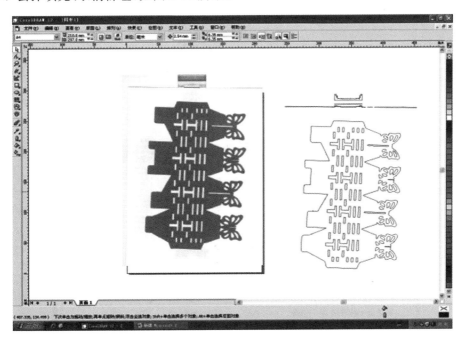

图 9-35　位图转矢量图步骤 6

（7）删除位图，保存文件，关闭软件，如图 9-36 所示。

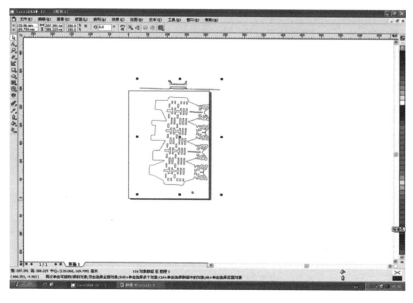

图 9-36　位图转矢量图步骤 7

图 9-37　PLT 文件导入界面示意图

3. PLT 格式图形输出

（1）在【SmartCarve4.3】切割软件中点击【导入】，格式选择为【PLT】，PLT 文件导入分辨率选择 1016（dpi），如图 9-37 所示。

注意：在【页面】选项中，绘图仪单位默认为 1016，数值越大则导出的图形精度越高，如图 9-38 所示；【高级】选项中，曲线分辨率越小越好，以保证曲线的精度。一般设置曲线分辨率为 0.1 毫米，其他参数可以默认，如图 9-39 所示。

（2）上述设置完毕，点击【确定】，保存 PLT 格式文件。

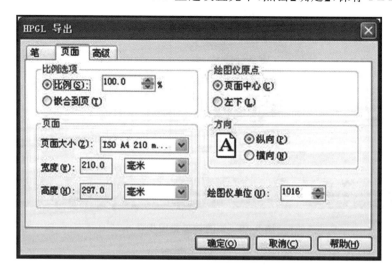

图 9-38　加工文件导出界面示意图 1

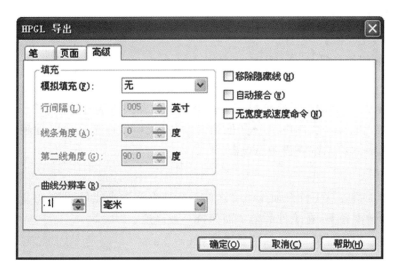

图 9-39 加工文件导出界面示意图 2

9.3.3 纸质礼品糖盒激光切割过程

1. 开机步骤

1）开机前准备工作

（1）检查机器工作台面是否存在可能导致碰撞激光头部件的物品；

（2）检查吹气压缩机是否打开；

（3）检查冷水机是否打开；

（4）检查水管、气管是否存在跑、冒、滴、漏的现象；

（5）检查输入、输出电压是否正确；

（6）检查机械部分器件是否完整，运行是否正常；

（7）检查光路系统各反射镜、喷嘴、聚焦镜是否干净；

（8）检查激光器器件连接是否正常；

（9）通电查看控制面板是否有报警显示。

2）开机操作顺序案例

（1）打开总电源，此时【电源指示灯】亮，220 V 电源接通；

（2）打开【激光电源】，查看出水管是否出水，预热 5 min；

（3）运行【BOYE—CECS】软件，打开雕刻或切割图形文件，设置相应的运行参数；

（4）摆放好工件，打开【机床电源】，用控制面板上的方向键找好聚焦镜头零点，即图形文件坐标零点；

（5）用聚焦镜调节套筒调好焦距；

（6）用电位器调整激光能量；

（7）打开【给气】，按要求调好保护气压；

（8）打开【排风】；

（9）按下【激光高压】；

（10）进行雕刻切割操作。

3）开关机操作顺序

值得注意的是,激光切割机整体设备有一个总体的开关机顺序,开机顺序依次为总电源→水冷系统→激光电源→控制电脑→其他辅助设备;关机顺序依次为其他辅助设备→控制电脑→激光电源→水冷系统→设备总电源。

4）注意事项

（1）根据加工目的及工件性质选取合适的运行速度和激光能量,即选好工艺参数；

（2）工件摆放要平整,在工件的整个面保持一致高度；

（3）激光设备工作过程中,要保持排风通畅；

（4）注意用电安全,配戴激光防护眼镜。

2. 确认焦点

在实际工作中,可用定位打点法确定激光光束焦点的位置。

把一张硬纸板放在激光切割头下,用焦距尺调整激光头到硬纸板高度,按激光按键发出脉冲激光,通过比较激光头不同高度打出点的大小,最小点时的高度即为激光光束焦距。

从图9-40(b)可以看出,高度为 9 mm 时的激光斑点最小,焦距为 9 mm。

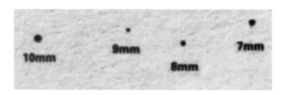

（a）调整焦距 　　　　　　　　　　（b）激光斑点

图 9-40　定位打点法示意图

3. 加工参数设置

（1）打开切割机界面,导入前述 PLT 格式的文件到切割软件中,如图9-41 所示。

（2）设置图层、加工速度、最小光强、最大光强等切割加工参数,如图9-42 所示。

（3）确认无误后,点击【开始】,切割加工开始进行,如图9-43 所示。

（4）激光切割礼品糖盒的平面展开图完成后,折叠展开图成纸质礼品糖盒,如图9-44 所示。

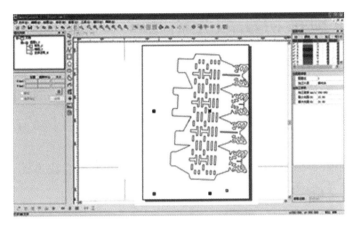

图 9-41　导入 PLT 格式文件到切割软件　　　　图 9-42　切割加工参数设置

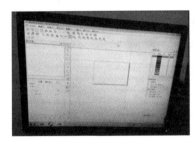

（a）软件界面　　　　　　　（b）设备界面

图 9-43　切割加工过程示意图　　　　图 9-44　折叠后的纸质礼品糖盒

9.3.4　纸质礼品糖盒激光切割产品质量评估

纸质礼品糖盒激光切割产品质量评估内容如表 9-3 所示。

表 9-3　纸质礼品糖盒激光切割产品质量评估表

评 估 项 目	主 要 内 容
设计水平	整体方案美观、合理
	切割图案设计新颖别致
加工质量	产品边缘整齐一致
	切口断面无烧焦现象
	整体产品尺寸准确
	切割图案位置准确

9.4 45钢表面预铺粉法激光熔覆Ni60涂层

9.4.1 任务准备

1. 45钢试样

首先采用适当的切割工艺,如图9-45所示的是2 mm厚的45钢板切割或者裁剪成100 mm×50 mm×2 mm的不锈钢试样,如图9-46所示。

图9-45 2 mm厚45号钢板

图9-46 100 mm×50 mm×2 mm 45钢试样

2. Ni60粉末

选用肯纳司太立金属(上海)有限公司生产的常用于柱塞、凸轮、机械易损件表面修复用的Ni60合金粉末,如图9-47所示,其化学成分如表9-4所示,粉末微观形貌如图9-48所示。

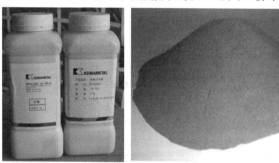

图9-47 Ni60粉末包装及其宏观形貌

表9-4 Ni60化学成分

组 分		化学成分(质量分数,%)							
		B	C	Cr	Fe	Mn	Mo	Si	Ni
范围	最小	2.80	0.50	14.00	3.00	—	—	3.80	—
	最大	3.40	0.80	16.00	5.00	0.30	1.00	4.80	余
测量值		3.10	0.57	15.98	4.09	0.01	0.03	3.85	余

3. 激光熔覆设备

采用图 9-49 所示的 YAG 激光焊接熔覆设备,设备主要由激光器、水冷机、控制系统、工作台、机械系统构成。

图 9-48　Ni60 粉末微观形貌

图 9-49　YAG 激光焊接熔覆设备

4. 其他辅助材料及设备

实验过程中还需用到砂纸、无水乙醇、烧杯、电吹风、烘箱、分样筛等(见图 9-50)。

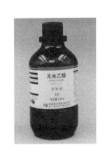

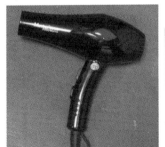

图 9-50　部分实验过程所需辅助材料及设备

9.4.2　前处理

1. 45 钢试样的前处理

1）磨光

取准备好的 45 钢,选用合适目数的砂纸将其待熔覆表面打磨至光亮(见图 9-51),且表面光泽均匀。该步骤的目的是除去试样表面的氧化物、杂质及大部分油污。

图 9-51　磨光后待熔覆表面宏观形貌(左侧未磨光,右侧磨光)

2）清洗

(1) 将上述试样置于流动的自来水中,清洗干净,并沥干水分;

(2) 量取适量的无水乙醇,置于 1 L 的烧杯中,然后将用水清洗后的试样,置于该烧杯中浸泡 3～5 min 后取出,沥干表面液体。

3）烘干

采用电吹风或置于烘箱中,将其表面带有的乙醇烘干,放置于干燥皿中待用。

2. Ni60 粉末的前处理

1）筛分

采用合适目数的分样筛 2 个,先用粗筛筛分出细的粉末,将细粉末再采用细筛,进行第二次筛分,第二次筛分的粗粉末即为待用粉末,确保颗粒度在 140～325 目。

2）清洗

(1) 将粉末置于烧杯中,加入少量无水乙醇,搅拌至糊状;

(2) 加入过量无水乙醇,浸泡 5～10 min;浸泡过程中,应采用搅拌器或玻璃杯进行合适力度的搅拌,以保证待用粉末表面润湿;

(3) 用滤纸将上述悬浊液过滤后,再次将过滤后的粉末,置于烧杯中,加入过量乙醇进行二次浸泡清洗,浸泡时间为 5～10 min,该步骤的目的是除去粉末颗粒表面黏附的油污。

3）烘干

将浸泡有粉末的烧杯置于烘箱中进行烘干,直至烧杯中的粉末颗粒干燥为止,并将烘干的粉末置于具塞烧瓶中储存待用。

9.4.3 激光熔覆

1. 铺粉

(1) 将 45 钢试样水平放置在桌面上,待熔覆面朝上;

(2) 取适量的 Ni60 粉末,倾倒于试样的待熔覆表面(见图 9-52);

(3) 选用合适的刮板将试样表面待熔覆区域的粉末刮至厚度均匀,约为 1 mm。

2. 激光熔覆

(1) 将铺好粉的试样置于激光熔覆设备的工作台面上;

(2) 打开设备,并选用合适的功率、熔覆速度、离焦量等工艺参数(见图 9-53);

图 9-52 预铺粉示意图

图 9-53 激光工艺参数

(3) 绘制适合的熔覆路径(见图 9-54);

(4) 确认无误后,开始熔覆,得到的熔覆层宏观形貌如图 9-55 所示。

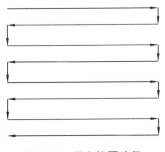

图 9-54 激光熔覆路径

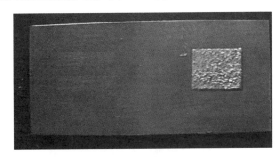

图 9-55 激光熔覆层宏观形貌

9.5 3D 打印小型台虎钳

9.5.1 图形设计

用 Pro/E 画图软件设计小型台虎钳,设计图如图 9-56 所示。

图 9-56　小型台虎钳装配图

其分解的零件图,如图 9-57 所示。

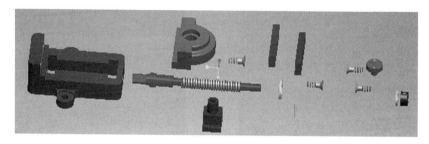

图 9-57　小型台虎钳零件图

9.5.2　熔丝堆积 3D 打印过程

固定钳身打印,打开 Repetier-Host 软件,将 Pro/E 软件设计好的固定钳身导入此软件中,在物体放置处点击 ⊕ 增加物体 aprt00011,如图 9-58 所示。

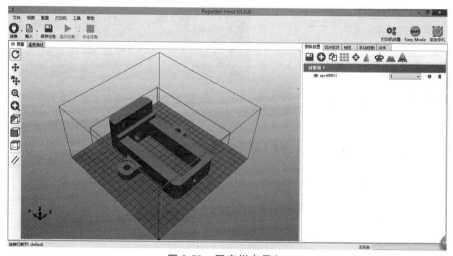

图 9-58　固定钳身导入

然后点击🏛旋转物体,将 X,Y,Z 都改为 0,如图 9-59 所示。

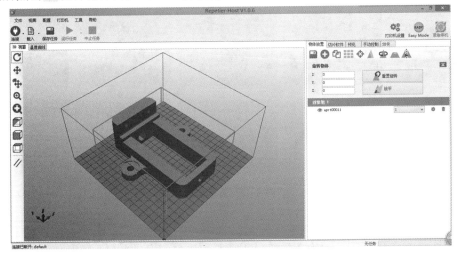

图 9-59 固定钳身旋转摆放

摆放完成后,开始切片,如图 9-60 所示,将需要加工时间 10 h 4 min 43 s,需要堆积 290 层,然后点击 Gcode 编辑处的🖫保存,命名为 D,保存在 SD 卡中。

再将 3D 打印机调为初始位置,然后将 SD 卡插入 3D 打印机器中,选中 D 文件如图 9-61 所示,按开始。

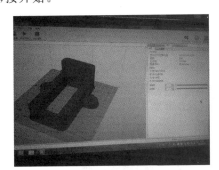

图 9-60 固定钳身切片

图 9-61 打印文件选取

等机器预热,涂上胶水以便成品容易取下,机器预热完成后,开始打印底层,如图 9-62 所示。打印完毕后,机器自动停止,成品如图 9-63 所示。

图 9-62 开始打印

图 9-63 固定钳身成品

其他部件按同样方法可制作出来,如图 9-64 所示。

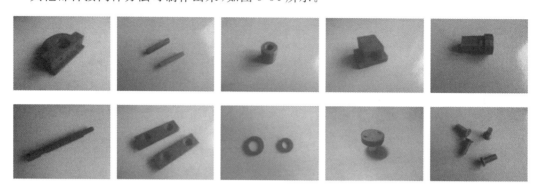

图 9-64　其他部件

9.6　激光内雕技术及典型案例

9.6.1　激光内雕技术

1. 激光内雕原理

激光内雕是在水晶、玻璃等透明材料内部雕刻平面或三维立体图案的工艺,如图 9-65 所示。

图 9-65　激光内雕产品示意图

透明材料一般情况下难于吸收激光能量,激光的能量密度在进入透明材料及到达加工区之前低于材料的破坏阈值。在足够高的光强下,激光焦点附近材料的非线性效应会使材料在加工区域内超过材料的破坏阈值从而产生微爆裂点,大量的微爆裂点按一定规律排列就得到了激光内雕产品。

2. 激光内雕产品加工流程

（1）通过三维成像设备拍摄或在电脑中设计所需的图片、文字等素材，如图 9-66（a）所示。

(a)　　　　(b)　　　　(c)　　　　(d)　　　　(e)

图 9-66　激光内雕产品加工流程

（2）使用图片处理软件将上述素材处理为黑白图片，如图 9-66（b）所示。

（3）使用 3D 软件把黑白图片处理成点云数据文件，如图 9-66（c）所示。

（4）将点云数据文件输入到激光内雕机的加工软件中进行内雕加工，图 9-66（d）所示。

（5）最终得到激光内雕产品，如图 9-66（e）所示。

3. 激光内雕系统设备组成

完整的激光内雕系统包括以下设备和软件。

1）三维成像设备

三维成像设备主要包括 3D 照相机和图片处理系统，3D 照相机用来获取对象的平面和三维立体照片，通过图片处理软件得到黑白平面和三维立体图片，如图 9-67 所示。

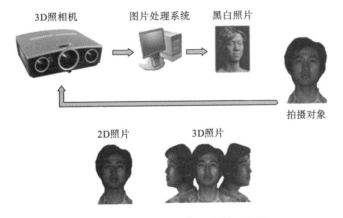

图 9-67　三维成像设备及照片示意图

2）成像处理编辑软件

激光内雕时需要通过专用点云转换软件将三维成像设备得到的 BMP、ASC、DXF 等二维或三维图像转换成由大量的微小点组成的点云图像,能够进行点云文件编辑和处理的软件有 imageware、geomagic、copycad 和 rapidform 等。

激光内雕产品质量主要由点的分布质量和点的质量决定。

点的分布质量要求实体点的表面均匀,没有缺失,点间距不能太近导致点的炸裂或炸花。点的分布主要由点云转换软件计算和控制,硬件误差太大也不行。

点的质量要求点细腻和均匀,不能有炸裂,主要由激光聚焦精细程度和打点时间长短决定。

3)激光内雕机典型结构

激光内雕机典型结构示意图如图 9-68 所示,激光器输出的激光经扩束镜扩束后,通过 X 轴振镜和 Y 轴振镜反射到 F 聚焦透镜上,F 聚焦透镜将激光聚焦到透明工件的内部并在焦点处烧蚀材料形成像点。X 轴振镜和 Y 轴振镜可以在 X、Y 两个方向上进行扫描形成平面图像,再配合自动升降工作台实现三维图像内雕。

如果在振镜进行 X、Y 两个方向上扫描的同时,工作平台也做 X 轴和 Y 轴两个方向上的运动,可以加工出单个图形尺寸更大的产品,或进行多个工位的加工。

激光内雕机实物整机包括激光器、光路系统、工作台、控制箱、散热风扇、显示器等,如图 9-69 所示。

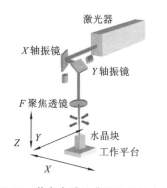

图 9-68 激光内雕机典型结构示意图

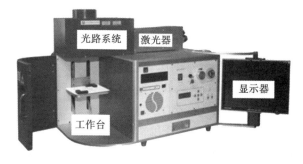

图 9-69 激光内雕机实物结构

4. 激光内雕选用材料

激光内雕材料一般采用人造水晶、天然水晶、亚克力、玻璃等透明材料。好的材料应满足棱角线整齐、表面光亮平整,没有磨痕碎角、透明,没有气泡、杂质等特点。

9.6.2 水晶激光内雕前处理工作

1. 水晶激光内雕工作任务

水晶激光内雕工作任务是选择合适的激光内雕机在水晶材料上完成版面设计、激光内雕加工和质量检验全过程。

2. 水晶激光内雕前处理工作

(1)清洁:如有必要,用脱脂棉签沾无水乙醇清洗水晶材料表面。

（2）设备校正：如有必要，检查校正内雕设备设置正确与否。

3. 三维图形编辑软件基本操作

1）软件启动

点击【开始】→【程序】→【内雕控制软件】→【HL3D．exe】或者桌面上的可执行文件可启动三维图形编辑软件，某个三维图形编辑软件正常启动后的主界面如图 9-70 所示。

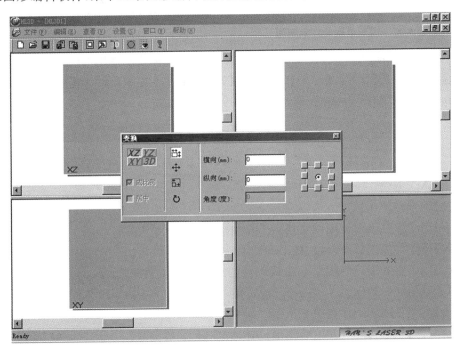

图 9-70　三维图形编辑软件主界面

2）主界面说明

（1）菜单栏：菜单栏包括【文件】、【编辑】、【查看】、【设置】、【窗口】、【帮助】等选项，如图9-71所示。

图 9-71　三维图形编辑软件主界面菜单栏

【文件】菜单中包含常见的九个子菜单，其中【导入】子菜单是在当前文件中导入所需图像。

【编辑】菜单同样包含九个子菜单，其中【实体切层】产生内雕点云数据，【预览】是实际内雕点云图形预览。

【查看】菜单包含两个子菜单，用于选择显示或隐藏对应的工具栏。

【设置】包括【内雕范围设置】和【内雕参数设置】两个子菜单，【内雕范围设置】即设置内雕 X、Y、Z 的运动范围，如图 9-72 所示。【内雕参数设置】用于设置点间距等参数，一般 X 方向点间距和 Y 方向点间距可以设置成相同数字，层间距比这两个点间距稍大，三个参数根据需要调节大小，细分模式默认选择面模式，如图 9-73 所示。

图 9-72 内雕范围设置示意图

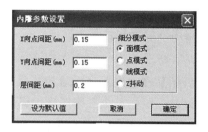

图 9-73 内雕参数设置示意图

（2）工具栏：工具栏用于方便快捷地使用软件，单击图标就能使用常用命令，从左至右依次为【新建】、【打开】、【保存】、【导入】、【导出】、【居中】、【转换实体】、【3D 视图转换】、【细分】、【预览】等，部分工具如图 9-74 所示。常用工具实现功能如下。

图 9-74　三维图形编辑软件主界面工具栏

【新建】用于创建一个空白的文档。

【打开】用于打开文档。

【保存】用于保存当前使用的文档。

【导入】用于导入内雕图形，比如 DXF、3DS 等格式图形。

【导出】用于将处理后的图形导出成默认的.agl 点云文件（以上五个跟菜单栏【文件】菜单中同名子菜单一一对应）。

【居中】用于将内雕图形居中。

【转换实体】用于实际改变内雕图形位置、大小、角度等参数。

【旋转】用于旋转三维视图的观察角度，它的设置效果同【立体视图工具栏】中的【⚙】相同。

【平移】用于平移三维视图，它的设置效果同【立体视图工具栏】中的【✋】相同。

【缩放】用于缩放三维视图的显示倍数，它的设置效果同【立体视图工具栏】中的【▷】相同。

【细分】用于产生内雕数据——点云。

【预览】用于视图在立体图和内雕数据——点云图两模式中转换以及转化后的效果显示。

【关于】用于介绍软件版本信息。

【🔍】用于放大平面视图。

【🔍】用于缩小平面视图。

【▢】用于将平面视图缩放到视图窗口大小。

【⚙】用于旋转三维图形。

【▷】用于改变立体视图的大小。

【✋】用于移动立体图在立体视图窗口的位置。

总之，三维图形编辑软件可以导入 DXF、BMP、JPG、GIF、PLT 等格式文件进行处理，同时显示三维图形在 *XY*、*YZ*、*XZ* 平面的投影以及整个立体图形，可以手工对图形进行相关的处理,以满足加工要求。

9.6.3 水晶激光内雕加工过程

1. 平面图像水晶激光内雕加工过程

(1) 打开电脑桌面内雕软件 将出现以下主界面,如图 9-75 所示。

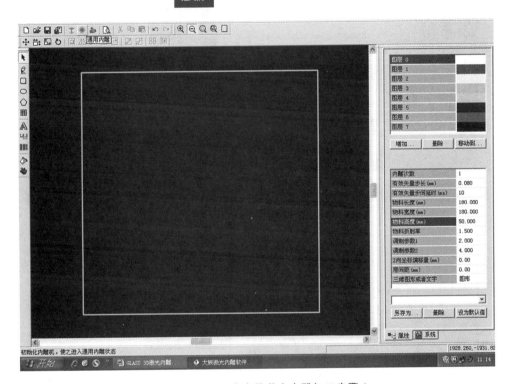

图 9-75 平面图像水晶激光内雕加工步骤 1

(2) 点击工具栏 导入按钮导入图像,如图 9-76 所示。

(3) 选择 修改图形的大小,如图 9-77 所示。

(4) 选择 位图按钮设置图像参数,设置标准点间距为 0.1,分层内雕选择 4 层,层间距为 0.5,雕刻模式选择矢量雕刻,设置完成后点击确定,如图 9-78 所示。

(5) 设置物料高度参数,物料高度必须和要雕刻材料的物料高度一致,如图 9-79 所示。

(6) 选择 通用内雕按钮进行内雕,如图 9-80 所示。

2. 三维图像水晶激光内雕加工过程

三维图像必须先转换成点云格式(.agl)文件后才可以进行内雕。

(1) 安装好内雕软件后,在桌面上会有 快捷方式图标。

(2) 双击图标,打开内雕软件将出现以下主界面,如图 9-81 所示。

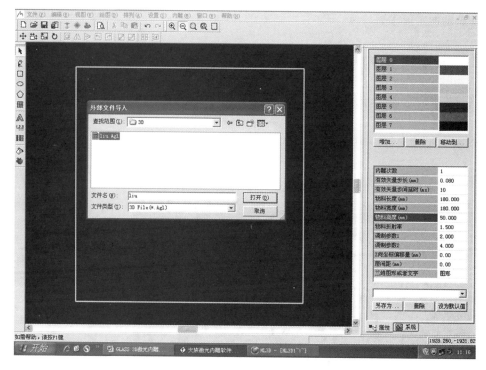

图 9-76 平面图像水晶激光内雕加工步骤 2

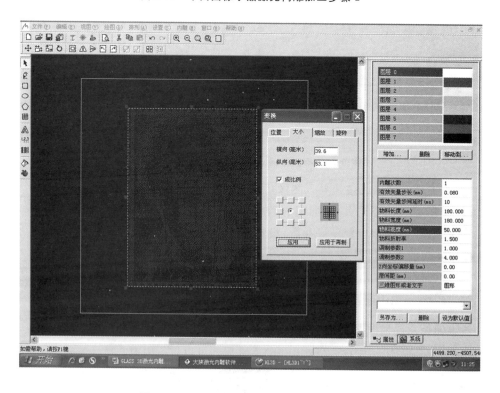

图 9-77 平面图像水晶激光内雕加工步骤 3

图 9-78 平面图像水晶激光内雕加工步骤 4

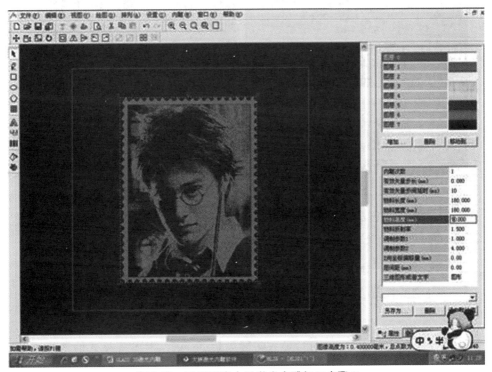

图 9-79 平面图像水晶激光内雕加工步骤 5

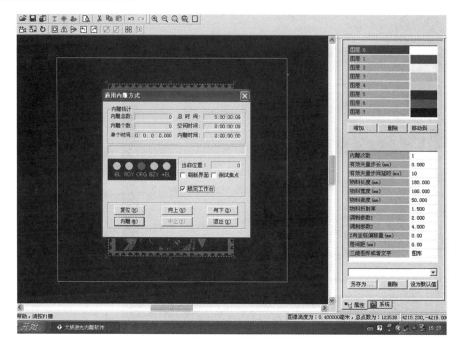

图 9-80 平面图像水晶激光内雕加工步骤 6

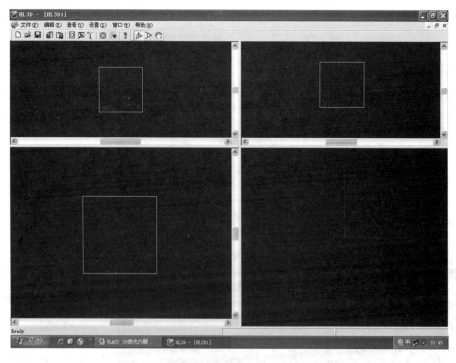

图 9-81 三维图像水晶激光内雕加工步骤 1

（3）点击工具栏上的 导入按钮，导入需要处理的 DXF、3DS 等格式的三维图形，将出现如图 9-82 所示界面。

选择待处理的图形格式和相应格式的图片（如 DXF 格式的 3D 人物图片），点击【打开】

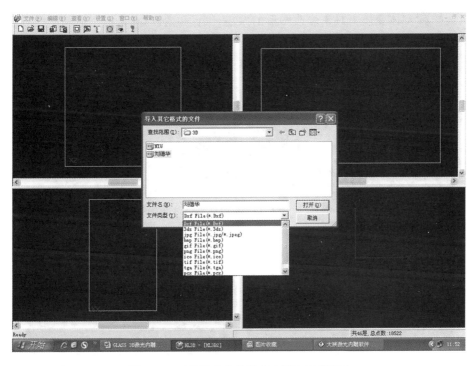

图 9-82　三维图像水晶激光内雕加工步骤 2

后导入图片,等待一段时间(等待时间长短与图形大小有关,图形越大,等待时间越长),导入完成后将出现如图 9-83 所示画面。

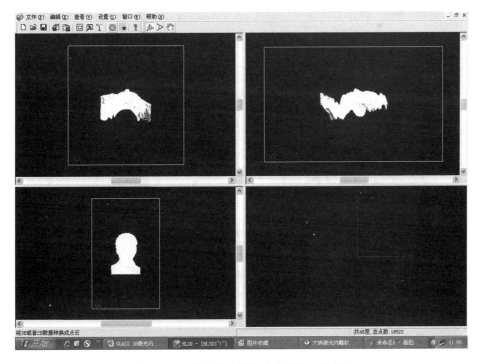

图 9-83　三维图像水晶激光内雕加工步骤 3

（4）选择 ▣ 实体变换工具来修改图形的大小、位置和角度，点击应用后关闭此对话框，如图 9-84 所示。

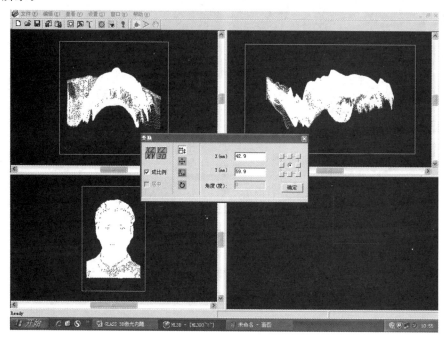

图 9-84　三维图像水晶激光内雕加工步骤 4

（5）选择设置菜单→内雕参数，将出现如图 9-85 所示画面。设置 X、Y 点间距为 0.1 mm，层间距为 0.1 mm，细分模式使用面模式，设置完成后点击确定。

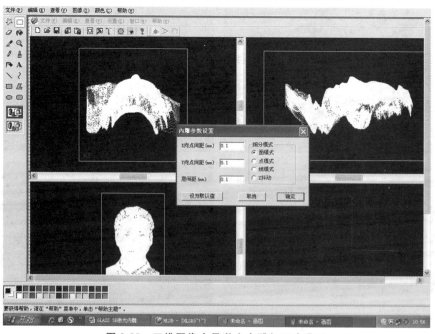

图 9-85　三维图像水晶激光内雕加工步骤 5

（6）点击 ⊙ 细分按钮对图像进行细分，细分后画面如图 9-86 所示。

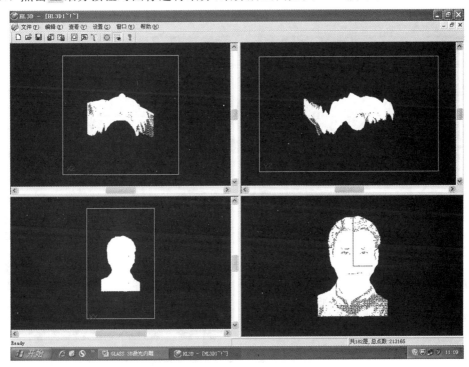

图 9-86　三维图像水晶激光内雕加工步骤 6

（7）点击 🗔 导出按钮，将会出现如图 9-87 所示画面。

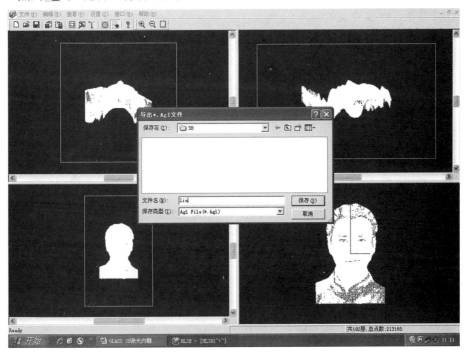

图 9-87　三维图像水晶激光内雕加工步骤 7

（8）填入文件名，选择好路径后点击保存，将会进入导出文件界面，如图 9-88 所示。

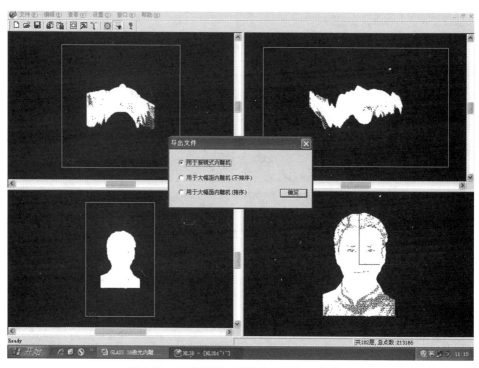

图 9-88　三维图像水晶激光内雕加工步骤 8

点击确定，将会在你所选择的路径下自动生成.agl 格式的文件，将此文件导入 HL.exe 中进行后续激光内雕参数设置操作。

激光内雕参数主要有电流大小、焦点位置等常规参数，这一部分内容相对简单，这里不再赘述。

9.6.4　水晶激光内雕产品质量评估

激光内雕产品质量评估内容如表 9-5 所示。

表 9-5　激光内雕产品质量评估表

评 估 项 目	主 要 内 容
内雕要素	内雕各要素完整
	各要素尺寸大小正确
	各要素位置准确
加工质量	产品颜色白亮干净
	照片清晰、人眼可识别
	文字清晰、人眼可识别
	填充线间距合理美观
	不发生炸裂等物理损伤

9.7　激光清洗技术及典型案例

9.7.1　激光清洗技术

1. 激光清洗原理

激光清洗是利用激光照射产品表面附着物使之除去的工艺方法,表面附着物以油污、氧化物锈迹、油漆和污垢为主,如图 9-89 所示。

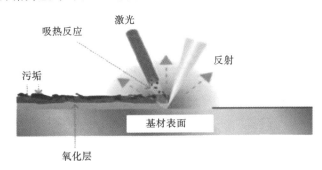

图 9-89　激光照射产品表面附着物示意图

激光清洗过程中主要利用以下三种效应。

(1) 光气化/光分解效应:激光束在焦点附近产生几千度至几万度高温使表面附着物瞬间气化或分解。

(2) 光剥离效应:激光光束使表面附着物受热膨胀,当膨胀力大于基体之间的吸附力时物体表面附着物便会从物体的表面脱离。

(3) 光振动效应:利用较高频率和功率的脉冲激光冲击物体的表面,在物体表面产生超声波,超声波在冲击中下层硬表面以后返回,与入射声波发生干涉,从而产生高能共振波,使表面附着物发生微小爆裂、粉碎、脱离基体物质表面,当工件与表面附着物对激光束的吸收系数差别不大,或者表面附着物受热后会产生有毒物质等情况时,可以选用这种方式。

2. 激光清洗主要方法及优点

(1) 激光干洗法:即采用连续或脉冲激光直接辐射去污。

(2) 激光＋液膜法:首先沉积一层液膜于基体表面,然后用激光辐射去污。

(3) 激光＋惰性气体:在激光辐射的同时,用惰性气体吹向基体表面,当污物从表面剥离后会立即被气体吹离表面,以避免表面再次污染和氧化。

(4) 运用激光使污垢松散后,再用非腐蚀性化学方法清洗。

激光清洗最常用的是前 3 种方法,第 4 种方法一般用于石质文物的清洗中。

激光清洗与其他清洗方案对比如表 9-6 所示。

表 9-6　激光清洗与其他清洗方案对比

对比项目	化学清洗	机械打磨	干冰清洗	超声波清洗	激光清洗
清洗方式	化学清洗剂	机械接触	干冰非接触	清洗剂接触	激光非接触
工件损伤	有损伤	有损伤	无损伤	无损伤	无损伤
清洗效率	低	低	中	中	高
清洗效果	一般,不均匀	一般,不均匀	优秀,不均匀	优秀,范围小	非常好
清洗精度	不可控、差	不可控、一般	不可控、差	不可定范围	可控、高
安全环保	污染严重	污染环境	无污染	无污染	无污染
人工操作	工序复杂 需防护措施	体力强度大 需防护措施	操作简单 手持或自动化	操作简单 人工添加耗材	操作简单 手持或自动化
耗材	化学清洗剂	砂纸、油石等	干冰	专用清洗液	只需供电
成本投入	首次投入成本低 耗材成本极高	首次投入成本高 耗材成本高	首次投入成本中 耗材成本高	首次投入成本低 耗材成本中	首次投入成本高 无耗材

3. 激光清洗工作流程

激光清洗工作流程如图 9-90 所示。

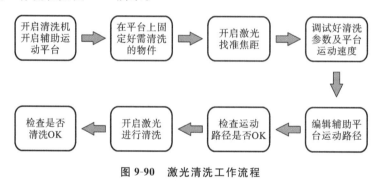

图 9-90　激光清洗工作流程

9.7.2　激光清洗机系统

1. 激光清洗机系统组成

激光清洗机典型结构如图 9-91 所示,主要包括激光清洗头、主机柜、内置激光器、内置冷却系统、光纤、控制面板等几个部分。

从设备功能组成上看,激光清洗机主要应该具备以下几个系统:激光器、导光系统、运动系统、检测系统、控制系统以及冷却与辅助系统。

图 9-92 是一套比较完整的激光清洗系统的结构原理图,工作流程如下所述。

首先,由控制系统对激光器发出工作指令并使激光器在已经设定好的工作模式下工作,激光器发出的激光束经过导光及聚焦系统整形后输出到工作台上清除工件表面污物,并由检测系统监控工件的清洗情况,当工件清洗合格时检测系统向控制系统发出清洗完成指令,

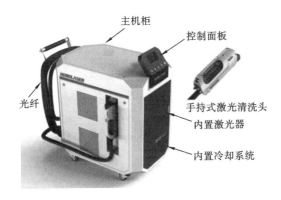

图 9-91 激光清洗机典型结构

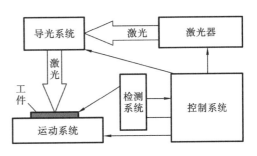

图 9-92 激光清洗机系统结构原理图

控制系统控制工作台按照设定的运动方式移动到下一个位置继续清洗,直至清洗任务完成。

2. 激光器

激光清洗机的激光器主要有 CO_2 激光器、光纤激光器、红宝石激光器、YAG 激光器或准分子激光器。除了激光器输出波长外,激光器工作方式是脉冲还是连续,脉宽是 ms、μs 还是 ns 量级,重复频率大小,输出功率/能量大小都会对激光清洗效果产生影响,要根据清洗对象决定。比如零件除漆一般采用干式清洗法,可以选择连续方式工作的 CO_2 激光器,激光功率在 103 W 以上,适用于清除面积较大、对清洗精度要求不高的漆层,有较高的清洗效率。低功率单模光纤激光器和高功率多模光纤激光器是激光清洗的主要光源。采用 248 nm 纳秒紫外激光器,是电子线路及芯片清洗的主要光源。

3. 导光系统

导光系统调整输出激光的光斑形状、大小及能量分布,主要由不同类型的光学元件组成。

激光是高斯光束,其辐射面积内的能量密度并不是均匀分布的,光斑中心能量密度高,如果清洗工件时以中心能量密度为基准,周围部分将无法清除干净,影响了清洗效率。使用光学器件使其能量均匀分布,甚至将光斑形状变为矩形,可以充分利用激光的能量,提高了清洗效率。

选定激光器后可以根据被清洗污物或微粒的难易程度调整光斑的面积,使输出激光具有不同的能量密度,理论上将光斑变小,清洗能力增加。

采用光纤传输的软光路系统操作方便灵活,输出光斑能量比较均匀,但传输距离较长时会造成能量损失,同时光斑模式也不够稳定。采用导光臂来传输光束可以最大限度地保持光束的形状。

激光清洗机常用一种被称为激光旋转头的导光系统,典型结构和工作原理如图 9-93 所示。

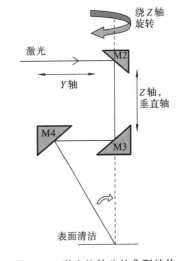

图 9-93 激光旋转头的典型结构和工作原理

激光光束通过反射镜 M2、M3、M4 反射后到达工件,旋转清洗头可以沿 X 和 Y 两个轴移动,并允许激光束绕着 Z 轴约为 15°角范围的旋转,激光光束运动由可移动的旋转头和平面镜共同完成,产生不同的激光运动模式和清洗方法,如图9-94所示。

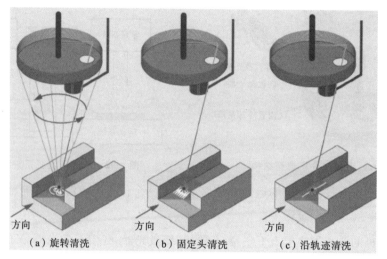

方向　　　　　　　　　方向　　　　　　　　　方向

（a）旋转清洗　　　　（b）固定头清洗　　　　（c）沿轨迹清洗

图 9-94　激光旋转头不同的清洗方法示意图

（1）旋转清洗,即激光光束在所有方向均可以清洗工件。

（2）固定头清洗,即激光光束以预先设定的方向在固定位置清洗工件。

（3）沿轨迹清洗,即激光光束按一定轨迹运动,这是带沟槽工件底部或两侧的精确清洗方式。

4. 控制系统

控制系统用于控制激光清洗机各系统协同工作,它的核心部分是一台可以分析和处理各种数据信息的单片机或工业计算机,并加上相应的专业控制软件。操作人员只需输入简单的控制指令便可以控制整个激光清洗过程。

5. 运动系统

运动系统通常称为工作站(见图 9-95),它通过步进电动机等驱动装置来带动清洗工作台做二维、三维方向的移动,也可以旋转或做其他复杂运动,还可以用手持激光输出端来清洗工件的不规则部位,但此时精度较低,也比较危险。

运动系统可以分为主动式与被动式两类。主动式是指将被清洗工件置于工作台上,工作台移动而激光器位置不动,主要用于较小和便于拆卸的工件清洗。被动式清洗物体不动,工作台带动激光器或激光输出端运动。

6. 传感与检测系统

传感与检测系统主要用来检测清洗效果并将检测信息及时反馈给控制系统,由控制系统决定清洗过程是继续或是终止。目前对于激光清洗的监测还没有公认、准确且实用的方法。

传感与检测系统可分为两大类,一类是光检测方法,即通过使用激光能量计或光谱仪等来测量清洗过程中的检测光信号的变化情况来达到监测的目的,该检测光信号可以是外加的另外一种激光。另一类是声检测方法,即通过使用声学仪器来收集和处理清洗过程中所发出的声信号来进行监测。

检测系统主要用于对清洗精度要求较高的场合。一般清洗的检测主要是由现场人员直

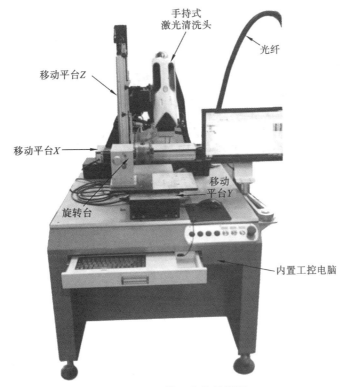

图 9-95　四维工作站示意图

接肉眼观测或借助相关仪器来完成,缺乏实时性和准确性。

7. 冷却与辅助系统

冷却与辅助系统主要用于排除已清除灰尘的二次污染,主要有用于干式激光清洗的吹气和抽尘系统、用于湿式激光清洗的镀膜和保湿系统,还有用于准确清除特定部位的激光光束定位系统,等等。

9.7.3　铁锈激光清洗

1. 铁锈激光清洗工作任务

铁锈激光清洗工作任务是选择合适的激光清洗机在不损伤基体材料的前提下完成工件铁锈层瞬时蒸发的全过程,如图 9-96 所示。

2. 铁锈激光清洗任务准备

1) 铁锈的化学成分

铁锈为铁氧化物的统称,通常为红色,由铁在氧气环境下进行的氧化还原反应而生成,主要成分由三氧化二铁水合物($Fe_2O_3 \cdot nH_2O$)和氢氧化铁($FeO(OH)$,$Fe(OH)_3$)组成。

图 9-96　铁锈激光清洗示意图

2）辅助器材及设备

激光清洗过程中需用到防护眼镜、防护口罩、吸尘器等辅助器材和设备，如图 9-97 所示。

（a）防护眼镜　　　　　　　　　　　　　　　（b）防护口罩

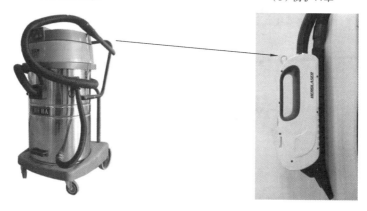

（c）与手持激光输出端相连的吸尘器

图 9-97　激光清洗辅助器材及设备

3）激光清洗安全注意事项

激光清洗中的安全操作不仅是达到预期清洗效果的需要，更是保障人身和设备安全的需要，清洗过程必须严格遵守以下安全操作规程。

（1）按规定穿戴好防护用品，在激光光束附近必须佩戴防护眼镜；

（2）针对选定材料选用专用清洗设备，请勿选错以免发生危险；

（3）使用设备时人员不得擅自离开工作岗位或托人代管，离开时设备必须停机；

（4）将灭火器放在随手可及的地方，不加工时及时关掉激光器；

（5）保持设备及周围场地整洁，激光光束附近禁止放置纸张等易燃物。

3. 铁锈激光清洗流程

1）确定清洗机焦点位置

固定好待清洗铁板，调节激光清洗头上下位置至找到铁板表面红光指示位置即为焦点，随后固定激光清洗头。

2）调试激光清洗参数

激光清洗机的清洗速度由运动平台设置，激光参数由调试界面设置，如图 9-98 所示。

参数调试界面设置设备状态、参数配置、高级选项和锁定屏幕 4 个操作模块。

其中，设备状态由参数配置模块和高级选项模块设置，由设备工程师调试使用。在设备

图 9-98 激光清洗机激光参数设置界面

状态模块中,预设有不同的工作模式。在不同的工作模式下,设置有相应的工作参数(激光功率,激光频率,脉冲宽度,扫描频率,扫描幅度),内部温度显示激光器内部的即时温度。

3)激光清洗参数效果分析

(1)清洗速度太快、设置功率太小时,产品清洗不干净、效果差,如图 9-99 所示。

图 9-99 清洗速度太快、功率太小时产品清洗效果图

(2)清洗速度太慢、设置功率太大时,产品清洗过于严重伤及基材,使基材表面发黑,其效果如图 9-100 所示。

图 9-100 清洗速度太慢、功率太大时产品清洗效果图

（3）清洗速度与功率参数正确,产品颜色白亮干净,如图 9-101 所示。

图 9-101　清洗速参数正确时产品清洗效果图

4）产品定位

设定工作平台(机械手)运动路径。

5）实施清洗

测试路径合格后点击开始,完成铁锈激光清洗工作任务。

9.7.4　铁锈激光清洗质量评估

铁锈激光清洗质量评估内容如表 9-7 所示。

表 9-7　铁锈激光清洗质量评估表

评 估 项 目	主 要 内 容
表面效果	铁锈清洗干净
	未伤到基材
	基材无热变形
清洗效率	锈层越厚清洗速度越慢

参 考 文 献

[1] 王中林. 激光加工设备与工艺[M]. 武汉:华中科技大学出版社,2011.

[2] 张永康. 激光加工技术[M]. 北京:化学工业出版社,2004.

[3] 中井贞雄. 激光工程[M]. 北京:科学出版社,2005.

[4] (日)金冈优. 激光加工[M]. 北京:机械工业出版社,2006.

[5] 左铁钏. 高强铝金的激光加工[M]. 2版. 北京:国防工业出版社,2008.

[6] 关振中. 激光加工工艺手册[M]. 2版. 北京:中国计量出版社,2007.

[7] 陈彦宾. 现代激光焊接技术[M]. 北京:科学出版社,2006.

[8] Reinhart Poprawe. 激光制造工艺:基础、展望和创新应用实例[M]. 张冬云,译. 北京:清华大学出版社,2008.

[9] 虞钢,虞和济. 集成化激光智能加工工程[M]. 北京:冶金工业出版社,2002.

[10] 郭玉彬,霍佳雨. 光纤激光器及其应用[M]. 北京:科学出版社,2008.

[11] 陈岁元. 材料的激光制备与处理技术[M]. 北京:冶金工业出版社,2006.

[12] 胡建东. 激光加工金相图谱[M]. 北京:中国计量出版社,2006.

[13] 郑启光. 激光先进制造技术[M]. 武汉:华中科技大学出版社,2004.

[14] 陈树骏. 激光机装调工职业技能鉴定指南[M]. 北京:人民邮电出版社,2001.

[15] 李亚江,李嘉宁. 激光焊接/切割/熔覆技术[M]. 北京:化学工业出版社,2016.

[16] 钟敏霖,宁国庆. 激光熔覆快速制造金属零件研究[J]. 激光技术,2002,26(5):388-391.

[17] 马骁,孙大千,段珍珍,等. 铜对钢/铝激光-MIG复合焊接头组织及性能的影响[J]. 焊接学报,2016,37(12):41-44.

[18] 李亚江,王娟. 异种难焊材料的焊接及工程应用[M]. 北京:化学工业出版社,2014.

[19] (荷)威廉 M.斯顿. 材料激光工艺过程[M]. 蒙大桥,张友寿,何建军,译. 北京:机械工业出版社,2012.

[20] 隗东伟. 金属材料焊接[M]. 北京:机械工业出版社,2016.

[21] 阳建华,张帅,陈继民. 高功率紫外激光切割铜薄膜的实验研究[J]. 应用激光,2005,25(5):289-318.

[22] 陈继民,肖荣诗,左铁钏,等. 激光切割工艺参数的智能选择系统[J]. 中国激光,2004,31(6):757-760.

[23] 刘顺洪. 先进激光制造技术[M]. 武汉:华中科技大学出版社,2011.

[24] 虞刚,何秀丽,李少霞,等. 激光先进制造技术及其应用[M]. 北京:国防工业出版社,2016.

[25] 孙大涌. 先进制造技术[M]. 北京:冶金工业出版社,1999.

[26] 左铁钏. 21世纪的先进制造:激光技术与工程[M]. 北京:科学出版社,2007.

[27] Sutcliffe E,Srinivasan R. Dynamics of UV laser ablation of organic polymer surfaces

[J]. Appl. Phys. ,1986,60(9):3315-3322.

[28] 白光.电子束抽运的高功率大孔径准分子激光器[J].激光与光电子学进展,2001,(No. 7),28-30.

[29] AMD Tabat,Terence R. O'keeffe,wen H. Profile characteristics of excimer laser micromachined features. Application in Optical Science and Engineering, 1993, 1835: 144-157.

[30] Bind Shen, Ricardo I. Z. Quierdo,Michel Meunier. Laser Fabrication of Three-Dimensional Microstructures, Cavities and Columns. SPIE Vol. 1994,2045:91-98.

[31] 赵方海,任临福,王庆亚,等.准分子激光直接切割金刚石薄膜的技术研究[J].微细加工技术,1994(2):66-68.

[32] 刘莹,温诗铸.不同材料的准分子激光微细加工机制[J]. 机械科学与技术,2005, 24 (1): 62-65.

[33] 陈发良,李东海.基于 Fokker-Planck 方程的电介质材料短脉冲激光破坏机制分析[J]. 强激光和粒子束,2011,23(2): 334-338.

[34] ZHANG L,LI K,XU D,et al. A 7.81W 355 nm ultraviolet picosecond laser using La2CaB10019 as a nonlinear optical crystal [J]. Optics Express, 2014, 22 (14): 17187-17192.

[35] 白振番,白振旭,陈檬,等. LD 泵浦全固态 355 nm 紫外皮秒脉冲激光器[J].应用光学, 2012,33(4):804-807.

[36] 姜志兴,毛小洁,庞庆生,等. 大能量多波段皮秒激光技术研究[J].激光与红外,2014,44 (9):994-97.